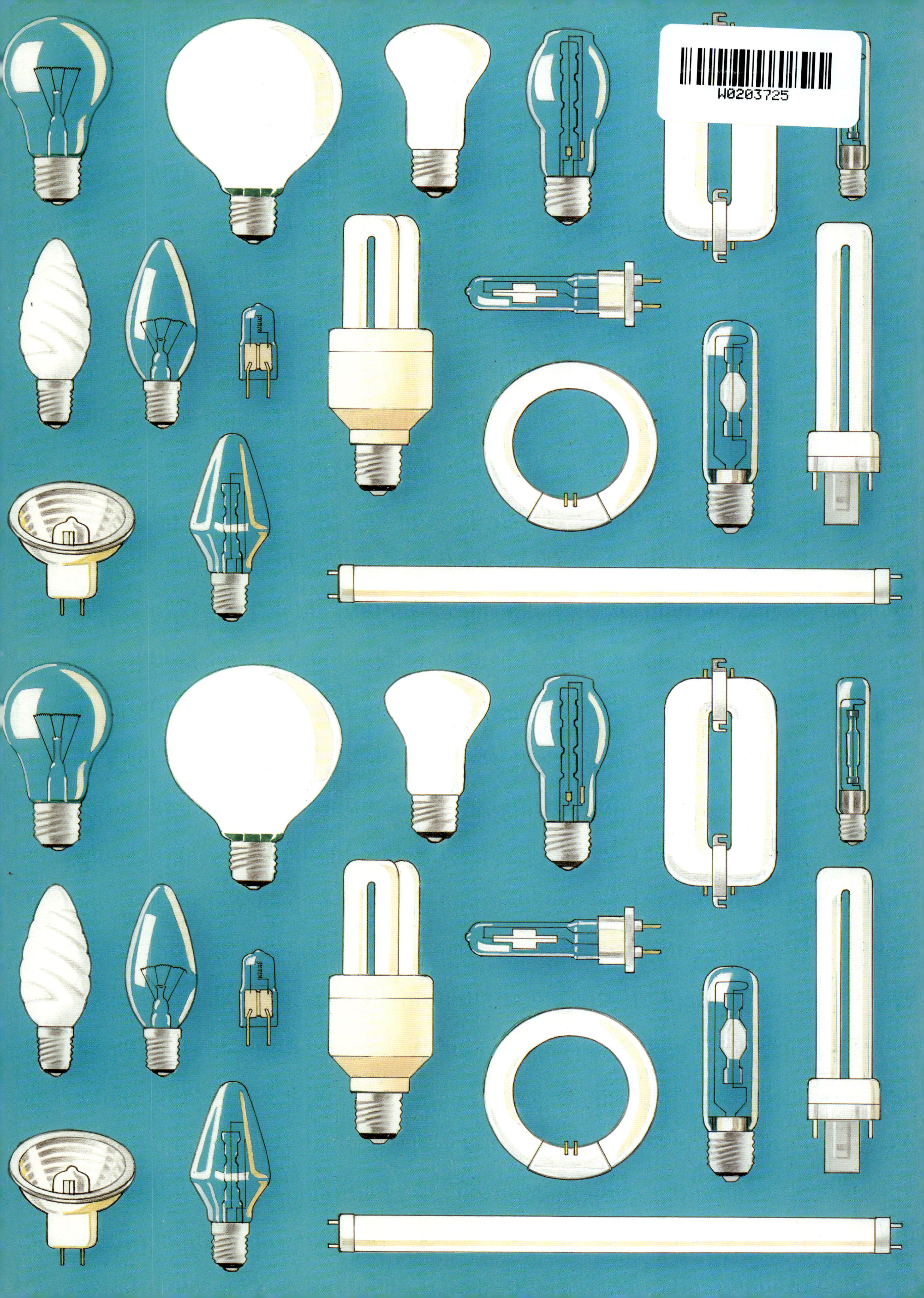

Dieses Buch gehört:

Alle Tipps und Informationen in diesem Buch sind sorgfältig ausgewählt und geprüft. Dennoch können weder Urheber noch Verlag eine Garantie übernehmen. Eine Haftung für Personen-, Sach- und Vermögensschäden ist ausgeschlossen.

5 4 3 2 1 13 12 11 10 09

ISBN 978-3-8157-9402-9

Text: Alke Kissel
Illustrationen: Manfred Rohrbeck
Redaktion: Annette Güthner
Printed in Italy
www.coppenrath.de

Alke Kissel und Manfred Rohrbeck

Energie
heute und morgen

COPPENRATH

Hallo, Kinder!

Energie spielt in unserem Leben eine wichtige Rolle. Jeder braucht Energie, jeder spricht von Energie. Aber wisst ihr auch, was Energie eigentlich ist und woher sie kommt; warum in einem Wärmekraftwerk am Tag bis zu 78 Güterwaggons Kohle verbrannt werden; weshalb der Fahrraddynamo ein richtiger kleiner Generator ist; oder dass die Sonne mit ihren Strahlen jeden Tag etwa 30-mal so viel Energie auf die Erde sendet, wie die Menschen in einem ganzen Jahr benötigen? Auf viele spannende Fragen zum Thema „Energie" gibt euch dieses Buch verständliche Antworten. So werdet ihr im Nu zu echten Energie-Experten!

Inhalt

Was ist Energie?

„Du Energiebündel" ... „Ein leckerer Energieriegel" ... „Die ultimative Energiesparlampe!" – Wir nehmen das Wort „Energie" jeden Tag viele Male in den Mund. Doch es ist schwer, genau zu sagen, was Energie eigentlich ist. Schließlich kann man Energie weder anfassen noch sehen.

Unser Wort „Energie" leitet sich vom griechischen Wort „energeia" ab. Übersetzen lässt sich das in etwa mit „wirkende Kraft" oder „Fähigkeit, etwas zu tun". Und das trifft es auch schon ziemlich gut: Wir brauchen Energie, um eine Arbeit verrichten zu können, also zum Beispiel um etwas zu bewegen, zu heben oder zu beleuchten. Energie selbst ist unsichtbar, nicht aber ihre Wirkung. Die kann man nämlich sehen und spüren.

- Die Sonne schickt ihre Energie in Form von Wärme und Licht auf die Erde **(Wärmeenergie)**.
- Der Wind treibt mit seiner Energie Segelschiffe und Windmühlen an **(Windenergie)**.
- Ein fahrendes Auto hat **Bewegungsenergie**.
- **Elektrische Energie** in Form von Strom lässt Lampen leuchten und treibt Geräte wie Fernseher, Computer oder Kühlschränke an.

Unsere wichtigste Energiequelle ist die Sonne: Ohne ihre Wärme und ihr Licht wäre bei uns kein Leben möglich. Pflanzen nehmen die Energie der Sonne beim Wachsen auf und speichern sie. Wenn wir also Obst, Gemüse oder Getreideprodukte essen, nehmen wir – über einen Umweg – Energie aus der Sonne zu uns.

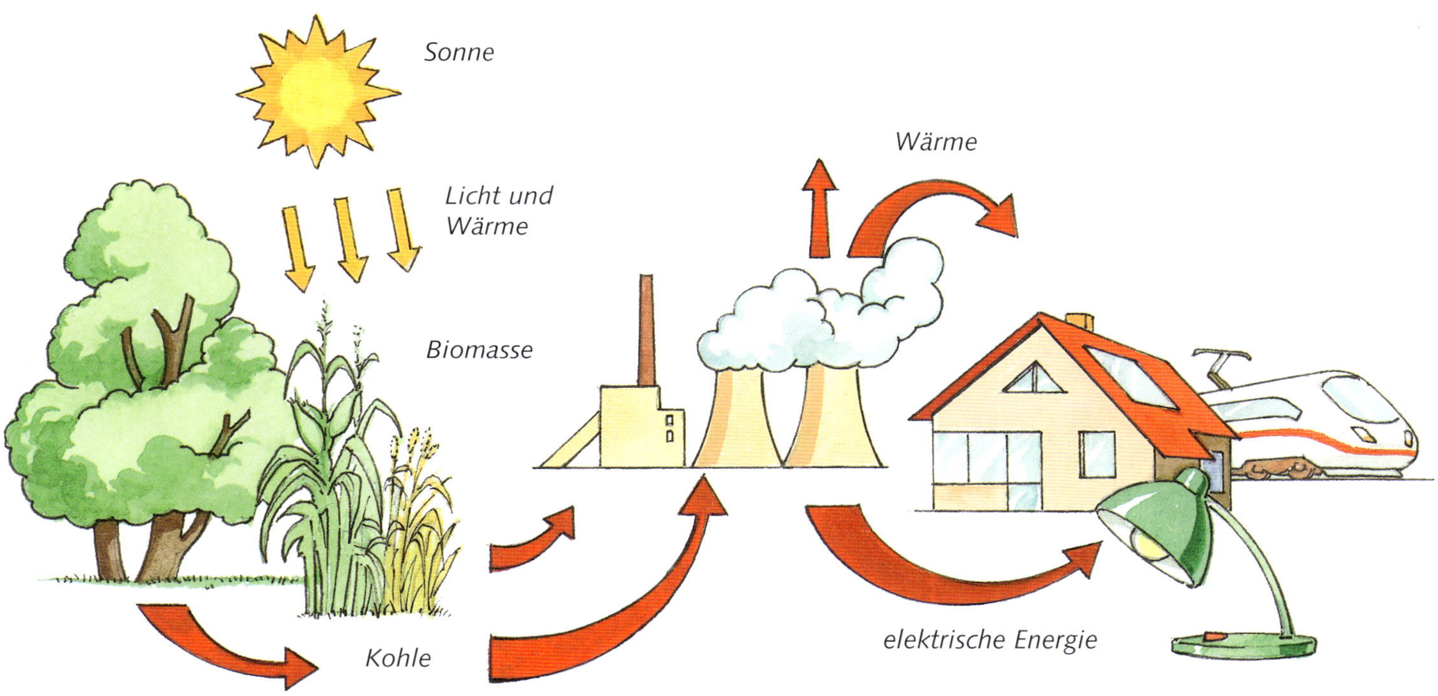

Energie kann man nicht herstellen, genauso wenig vernichten. Energie lässt sich immer nur von einer Energieform in eine andere übertragen. Der Mensch hat im Laufe der Zeit gelernt, wie er Energie auf verschiedenste Weise nutzen und in für ihn nützliche Formen umwandeln kann. Manchmal sind dafür ziemlich viele Umwandlungsprozesse nötig.

Wie misst man Energie?

Entfernungen werden in Metern oder Kilometern gemessen, die Masse eines Gegenstandes oder eines Menschen in Kilogramm, die Zeit in Stunden. Auch Energie lässt sich messen. Weil sie in so vielen verschiedenen Formen vorkommt, gibt es mehr als eine Einheit, in der sie angegeben wird:

- „kWh" ist eine Abkürzung und steht für „Kilo-Watt-Stunde". In dieser Einheit wird zum Beispiel der Strom- oder Gasverbrauch angegeben.
- „J" steht für „Joule". Diese Einheit findest du zum Beispiel auf der Verpackung von Lebensmitteln, denn mit ihr wird der Energiegehalt von Nahrung aufgeführt. „Kilokalorie" mit der Abkürzung „kcal" ist die veraltete Einheit hierfür.
- „SKE" ist die Kurzform für „Steinkohleeinheit". 1 SKE gibt an, wie viel Energie beim Verbrennen von 1 kg Steinkohle frei wird.

Feuer – nach der Sonne die älteste Energiequelle des Menschen

Bevor die Menschen lernten, wie man Feuer macht, war die Sonne ihre einzige Energiequelle: Sie waren darauf angewiesen, dass die Sonne sie mit ihren Strahlen wärmte und ihnen Licht schenkte. Mit der Entdeckung des Feuers wurde das anders: Mit einem knisternden Feuer konnten sich die Menschen von nun an vor Kälte schützen und für Licht in der Dunkelheit sorgen.

Woher unsere Energie kommt

Täglich brauchen wir jede Menge Energie: elektrische Energie für all die Geräte zu Hause; Wärmeenergie, um das Haus zu heizen; Bewegungsenergie, um das Auto in Gang zu setzen. Diesen Bedarf decken wir mit Energie aus den verschiedensten Quellen: aus der Sonne, aus Erdgas oder aus Benzin. Diese Energieträger lassen sich in drei Gruppen einteilen: fossile Brennstoffe, Kernbrennstoffe und erneuerbare Energiequellen.

Zu den **fossilen Brennstoffen** zählen zum Beispiel Kohle, Erdöl und Erdgas. Sie sind aus den Überresten von Pflanzen und Tieren entstanden, die vor vielen Millionen Jahren auf der Erde gelebt haben. Fossile Brennstoffe enthalten jede Menge Energie. Diese Energie wird beim Verbrennen in Form von Wärme frei, die im Kraftwerk in elektrische Energie umgewandelt werden kann. Zu Hause sorgt diese Wärme dafür, dass es sogar im Winter mollig warm ist. Auch im Auto werden fossile Brennstoffe – nämlich Benzin oder Diesel – eingesetzt. Der Motor wandelt die in ihnen gespeicherte Energie in Bewegungsenergie um und treibt so das Auto an. Aus fossilen Brennstoffen lassen sich auch jede Menge nützliche Dinge wie Medikamente, Kunststoffe und Farben herstellen. Fossile Brennstoffe sind also ganz schön vielseitig einsetzbar. Aber sie haben auch Nachteile: Wenn sie einmal verbrannt sind, sind sie aufgebraucht. Das heißt, irgendwann werden alle Vorräte an Kohle, Erdöl und Erdgas erschöpft sein. Zudem entstehen beim Verbrennen Abgase, die der Umwelt schaden und den Treibhauseffekt verstärken.

Wärmekraftwerk

Zu den **Kernbrennstoffen** zählen Materialien wie Uran oder Plutonium. Beim Spalten, also Zerteilen ihrer Kerne, wird eine gewaltige Menge Energie frei, die in Kernkraftwerken zur Erzeugung von Strom genutzt wird. Da dabei keine Abgase entstehen, sind Kernbrennstoffe eigentlich umweltfreundlich. Das Problem ist jedoch, dass bei der Kernspaltung auch gefährliche Strahlung frei wird, und der Kernbrennstoff später als radioaktiver Abfall übrig bleibt.

Sonne, Wind, Gezeiten und Wasserkraft gehören zu den **erneuerbaren Energiequellen**. Erneuerbar heißen sie deshalb, weil sie nie aufgebraucht werden können. Sie stehen uns beinahe ständig zur Verfügung. Erneuerbare Energiequellen sind nahezu ebenso vielseitig einsetzbar wie fossile Brennstoffe. Mit ihrer Hilfe lässt sich Strom gewinnen und das Haus beheizen. Auch Autos können heute schon mit Sonnenenergie fahren. Die Nutzung von erneuerbaren Energiequellen schadet der Umwelt nicht oder nur sehr wenig. Diese Energiequellen sind eine gute Alternative zu fossilen Brennstoffen und Kernbrennstoffen und werden in nächster Zeit immer wichtiger werden.

Was ist der Treibhauseffekt?

Die Sonne schickt mit ihren Strahlen jede Menge Energie auf die Erde: Die Strahlen dringen durch die Atmosphäre und sorgen dafür, dass es bei uns schön hell und warm ist. Normalerweise entweicht ein Großteil der Wärme wieder zurück ins Weltall. Das Gas Kohlendioxid macht – neben anderen Gasen – die Atmosphäre jedoch mehr und mehr undurchlässig: So kann immer weniger Wärme nach außen abfließen. Wie hinter den Glasfenstern eines Gewächshauses staut sich die Wärme. So wird es immer wärmer auf der Erde. Und das kann schlimme Folgen haben: Je wärmer es wird, umso schneller schmilzt zum Beispiel das Eis an den Polen. Damit verschwindet für viele Tiere der Lebensraum. Außerdem wird dadurch der Meeresspiegel steigen, und küstennahe Regionen, in denen die meisten Städte der Erde liegen, werden überflutet werden.

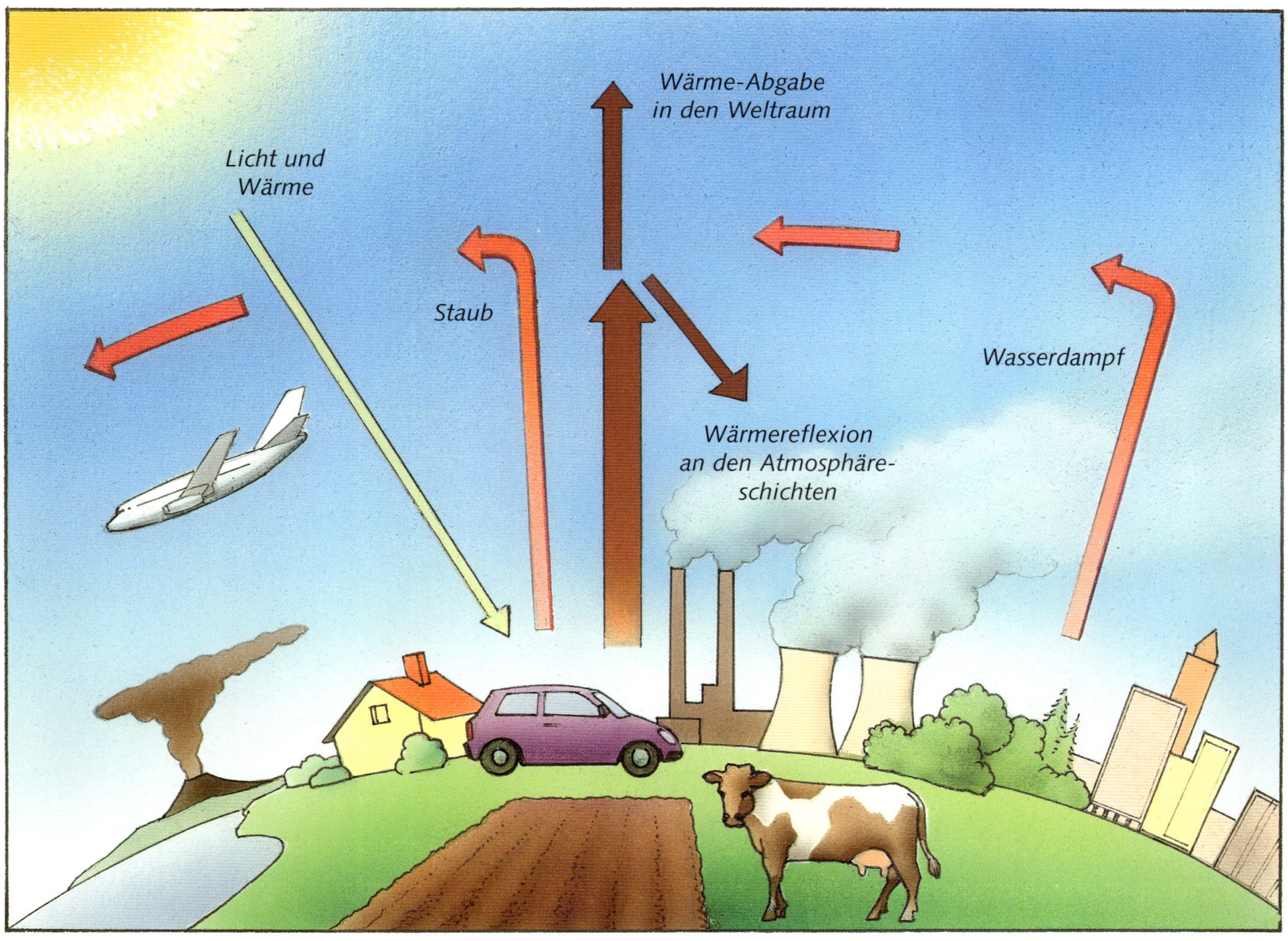

Elektrische Energie

Elektrische Energie zuckt in der Natur zum Beispiel als Blitz über den Himmel. Wir nutzen sie jeden Tag in Form von elektrischem Strom. Ohne sie würden weder Telefon und Computer noch Kühlschrank oder Herd funktionieren. Elektrische Energie ist praktisch, weil sie sich anders als viele andere Energieformen über weite Strecken transportieren lässt.

Elektrischer Strom ist aus unserem Alltag nicht mehr wegzudenken. Aber was ist Strom denn nun genau? In jedem Material befinden sich unzählige elektrische Ladungen. Diese winzig kleinen Teilchen, die Elektronen, sind Bestandteile der Atome. Normalerweise fliegen die Elektronen um die Atomkerne herum. In einigen Stoffen – zum Beispiel in Metallen – können sie sich jedoch frei bewegen. Wenn die Elektronen gemeinsam in eine Richtung strömen, spricht man von einem elektrischen Strom. Je mehr Elektronen fließen, umso größer ist die Stromstärke.

Freie Elektronen, die vom Minus-zum Plus-Pol wandern.

Freie Elektronen, die vom Minus-zum Plus-Pol wandern.

Batterie mit Minus- und Plus-Pol

Materialien, in denen sich die Elektronen gut bewegen können, heißen Leiter. Kupfer ist zum Beispiel ein besonders guter Leiter. Deshalb bestehen Stromkabel innen meist aus Kupferdraht. Der ist außen mit robustem Kunststoff ummantelt, damit man ihn gefahrlos anfassen kann. Materialien wie Kunststoff leiten Strom nicht: Sie sind Isolatoren.
Allerdings bewegen Elektronen sich nicht einfach so in einem Leiter: Sie fließen immer nur dann, wenn an zwei Anschlüssen unterschiedlich viele Elektronen vorhanden sind. Bei einer Batterie heißen diese Anschlüsse Pole. Am Minus-Pol sitzen jede Menge negativ geladene Teilchen, also Elektronen, am Plus-Pol jedoch nur ganz wenige. Dieses Ungleichgewicht zwischen den beiden Polen nennt man elektrische Spannung.
Wenn man die beiden Pole der Batterie miteinander verbindet, flitzen die Elektronen ganz fix vom Minus-Pol durch die Leitung bis hinüber zum Plus-Pol. Bei ihrem Weg auf die andere Seite bringen die Elektronen die an die Batterie angeschlossene Lampe zum Leuchten. Je höher die Spannung ist, umso mehr Elektronen wandern durch den Leiter. Wenn am Minus-Pol keine freien Elektronen mehr da sind, die zum Plus-Pol wandern können, ist auch keine Spannung mehr vorhanden: Es fließt kein Strom mehr, und die Batterie ist leer.

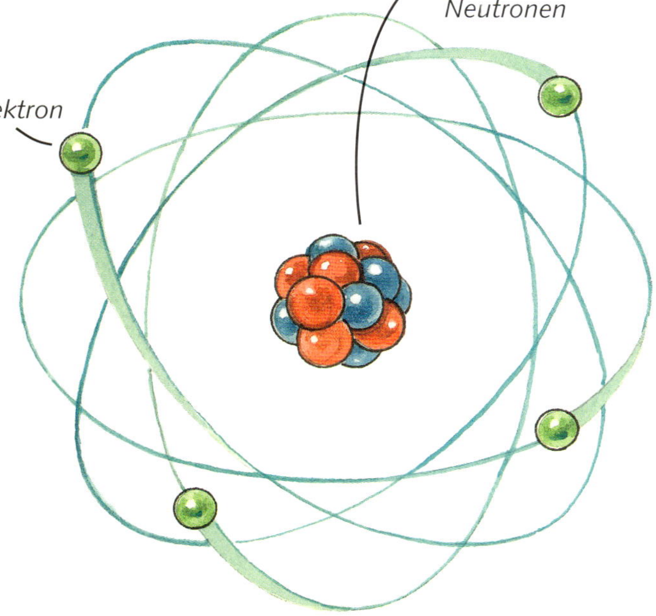

Modell eines Atoms

Was ist eigentlich ein Atom?
Alle Dinge bestehen aus winzig kleinen Teilchen, den Atomen. Die sind so klein, dass man sie noch nicht einmal unter einem Mikroskop erkennen kann. Das Wort „Atom" stammt aus dem Griechischen und heißt so viel wie „das Unteilbare". Doch diese Bezeichnung täuscht: Denn auch Atome setzen sich aus noch kleineren Teilchen zusammen, nämlich aus Protonen, Neutronen und Elektronen. Die Elektronen sind negativ geladene Teilchen. Wie die Planeten um die Sonne kreisen sie um den Atomkern. Der besteht aus Neutronen und den positiv geladenen Protonen.

Probiere es aus: Wie entsteht statische Elektrizität?
Wenn sich elektrische Ladung an einer Stelle sammelt und kein Strom fließt, nennt man das statische Elektrizität. Beobachten lässt sich das zum Beispiel beim Aneinanderreiben von zwei verschiedenen Materialien. Dabei kann das eine Material Elektronen an das andere abgeben. Das Material, das Elektronen abgegeben hat, zeigt eine positive statische Ladung, das andere eine negative. Diese unterschiedlichen Ladungen ziehen sich gegenseitig an. Das kannst du leicht mit einem kleinen Versuch ausprobieren: Reibe dafür einen Luftballon an deinen Haaren. Jetzt ist der Ballon statisch aufgeladen und zieht zum Beispiel kleine Papierschnipsel oder Haare an.

Der Generator

Der Generator ist ein Energiewandler. Denn er wandelt Bewegungsenergie in elektrische Energie um. Eingesetzt wird er zum Beispiel in Kraftwerken. Hier macht er aus der Drehbewegung einer Turbine elektrischen Strom. Eine ganze Nummer kleiner findet er auch Verwendung bei einem Alltagsgerät, das wohl fast jeder schon einmal benutzt hat: dem Fahrrad. Hier sorgt der Generator als Dynamo für Licht bei einer Fahrt im Dunkeln.

Wenn man beim Fahrradfahren mit ordentlich Muskelkraft in die Pedale tritt, wandelt der Dynamo die Energie der Bewegung in elektrischen Strom um: Die Lampe leuchtet. Doch wie kann in dem kleinen Dynamogehäuse elektrischer Strom entstehen?

Fahrraddynamo

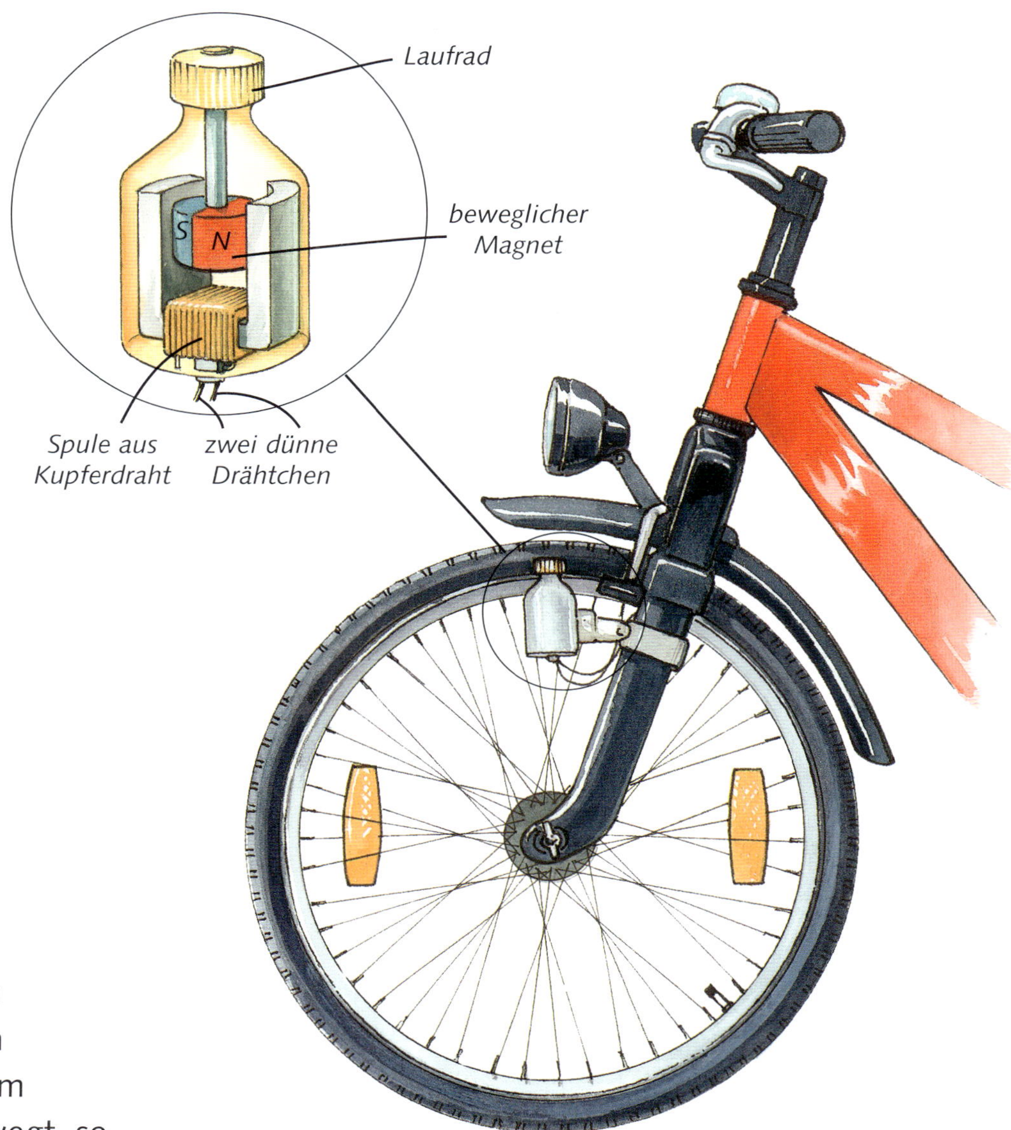

Da man die Elektronen in einem Leiter nicht mit der Hand anschubsen kann, ist ein Trick nötig. Man setzt einen Magneten ein, der die Elektronen auf Trab bringt. Und das funktioniert so: Im Inneren des Dynamos befindet sich ein beweglicher Magnet. Er ist verbunden mit dem kleinen Rädchen, dem Laufrad, das vorn am Fahrradreifen sitzt und von ihm in Bewegung versetzt wird. Wenn sich das Laufrad dreht, dreht sich auch der Magnet. Der sitzt direkt neben einer Spule aus Kupferdraht.

So wie sich zwei gleichpolige Magnete abstoßen, so stoßen sich auch ein Magnet und Elektronen in einem Leiter ab. Wenn sich also ein Magnet neben einem Leiter wie zum Beispiel einer Kupferdrahtspule bewegt, so geraten auch die Elektronen in der Spule in Bewegung: Es fließt elektrischer Strom.

Der Dynamo ist über zwei dünne Drähtchen mit der Fahrradlampe verbunden. Die Elektronen flitzen durch das Kabel und bringen auf diese Weise die Lampe zum Leuchten. Das Phänomen, dass Strom in einem Leiter fließt, wenn sich ein Magnet in der Nähe dreht, nennen die Physiker Induktion.

Nach dem Prinzip der Induktion funktioniert auch ein großer Generator, wie er zum Beispiel in einem Kraftwerk eingesetzt wird. Auch in seinem Inneren sitzen Magnete, genauer: Elektromagnete. Die haben nur dann eine magnetische Wirkung, wenn sie an elektrischen Strom angeschlossen werden. Dafür haben sie aber eine sehr viel größere Kraft als normale Permanentmagnete mit dauernder magnetischer Wirkung.

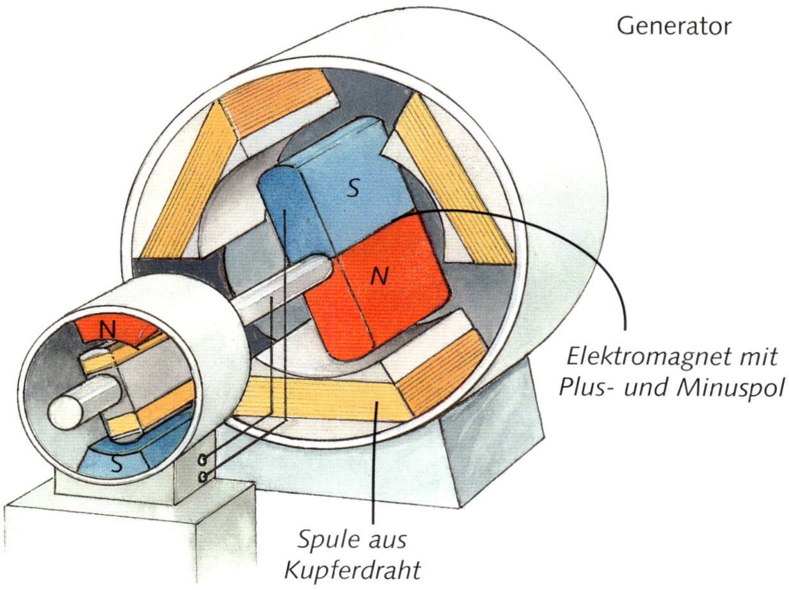

Die Elektromagnete sind auf dem sogenannten Läufer befestigt. Das ist der bewegliche Mittelteil des Generators. Außen herum sitzen ganz viele Spulen aus Kupferdraht. Sobald sich der Läufer mitsamt Magnet dreht, geraten auch die Elektronen in den Spulen um ihn herum in Bewegung: Es fließt Strom.

Beim Fahrrad sorgen die Muskelkraft des Fahrers und die Drehung der Räder für die Bewegungsenergie. Im Kraftwerk ist das meist eine Turbine, die an den Generator gekoppelt ist. Die Turbine ist über eine Welle, eine stählerne Stange, mit dem Läufer verbunden. Dreht sich die Turbine, dreht sich auch der Läufer im Inneren des Generators.

Es werde hell: So funktioniert die Glühlampe

Das Geheimnis der Glühlampe liegt in der Glühwendel. Dieser hauchdünne Faden im Inneren der Lampe besteht meist aus dem Metall Wolfram. Wenn Strom durch ihn hindurch fließt, wird der Metallfaden extrem heiß: bis zu 2900 °C! Er fängt an zu glühen. Dieses Glühen ist so hell, dass man damit Räume beleuchten kann.

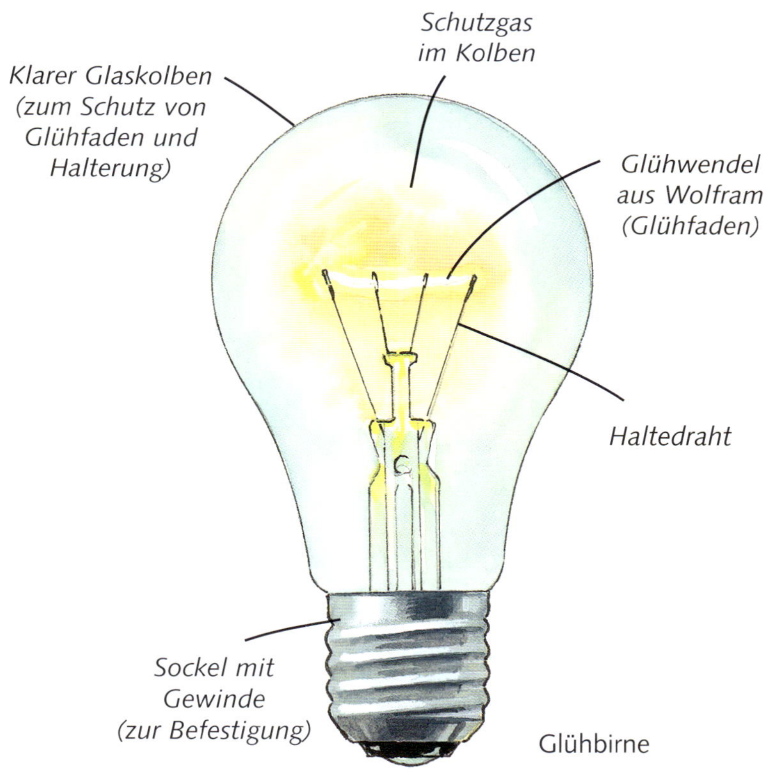

Im **Kesselhaus** des Wärmekraftwerks geht es los: Hier pustet ein heißer Luftstrom den schwarzen Kohlestaub in die **Brennkammer** des Kessels. Dort verbrennt die Kohle bei einer Temperatur von über 1200 °C. Die Wärme, die dabei entsteht, erhitzt Wasser in einem Rohrsystem. Das sogenannte Kesselspeisewasser wird auf diese Weise so heiß, dass es schließlich zu Dampf wird. Knapp 600 °C erreicht der Dampf an Temperatur. Er hat also jede Menge Wärmeenergie gespeichert. Doch wie lässt sich diese in elektrische Energie, also in Strom, umwandeln?

Einen Teil dieser Aufgabe übernimmt eine **Turbine**. Turbinen gibt es in den verschiedensten Arten. Einige werden von Wasser angetrieben, andere durch Gas oder eben durch Dampf wie im Wärmekraftwerk. Der enorm heiße Dampf schießt mit großer Kraft durch das Rohrsystem bis zur Turbine. Die sieht von außen aus wie ein riesiges, liegendes Fass. In einem großen Kraftwerk kann eine solche Turbine bis zu 50 Meter lang sein und einen Durchmesser von etwa acht Metern haben: ein wahres Ungetüm!

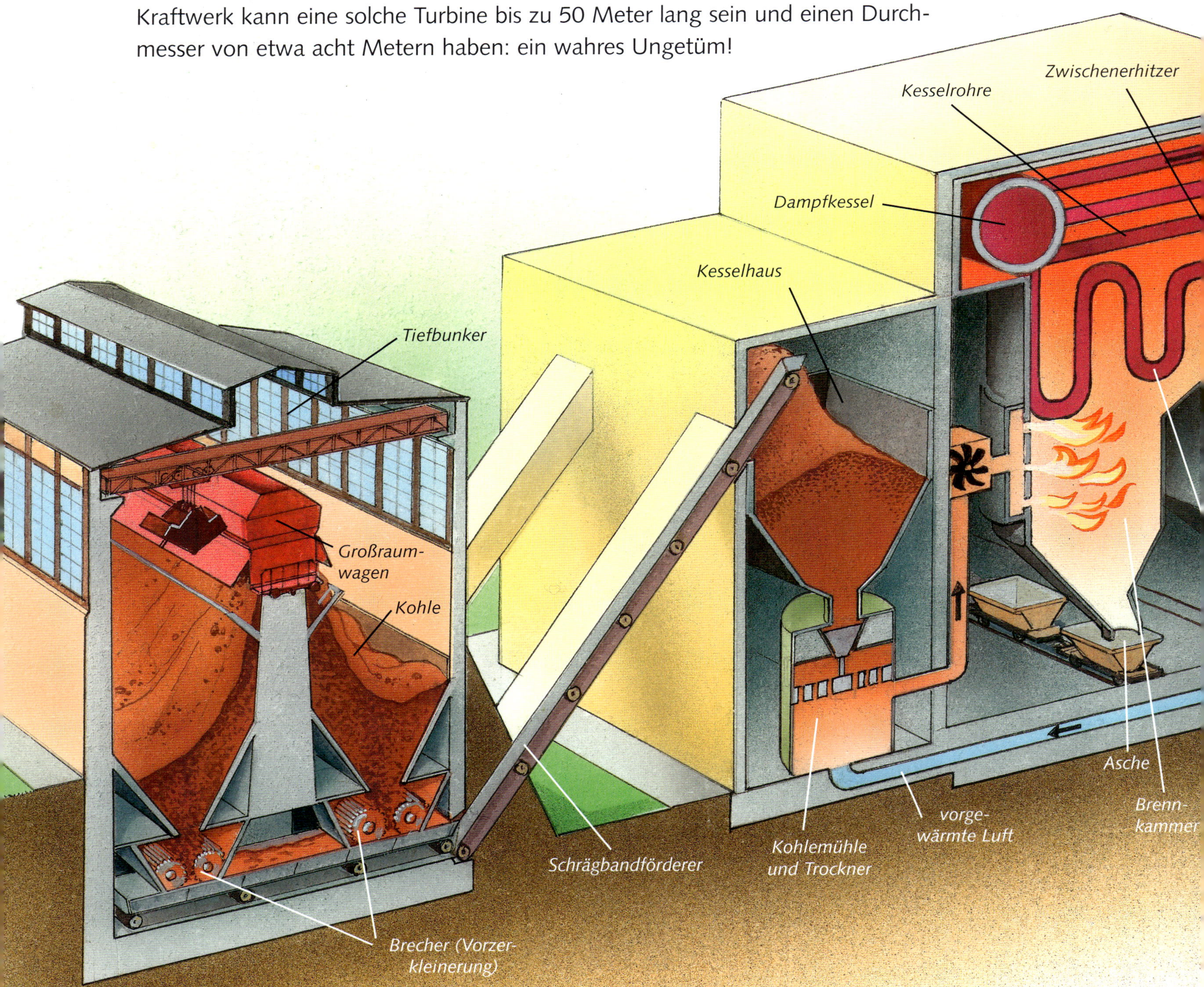

Der heiße Dampf strömt durch eine Öffnung in der Oberseite der Turbine und drückt sich durch die Schaufeln des Laufrades: Wie ein Windrad fängt es an sich zu drehen – bis zu 3000-mal in der Minute. Bei großen Turbinen sitzen gleich mehrere Laufräder hintereinander.

Das Kernkraftwerk

Auch Kernkraftwerke zählen zu den Wärmekraftwerken. Hier wird jedoch nichts verbrannt. Die Wärme wird stattdessen durch die Spaltung von Atomkernen erzeugt. Ansonsten arbeitet das Kernkraftwerk nach dem gleichen Prinzip wie andere Wärmekraftwerke auch: die entstehende Hitze bringt Wasser zum Verdampfen; der heiße Dampf treibt eine Turbine an, die mit einem Generator verbunden ist; und dieser erzeugt schließlich den Strom.

Bevor im Kernkraftwerk Strom erzeugt werden kann, benötigt man zunächst sogenanntes spaltbares Material. Meist wird das Metall Uran verwendet. Vor seinem Einsatz wird es einer speziellen Behandlung unterzogen: Man sagt, es wird angereichert, damit es bei der Spaltung besonders viel Radioaktivität und Wärme freisetzt. Dann wird es zu Tabletten, den sogenannten Pellets, verarbeitet. Die werden in Metallröhren gesteckt und verschlossen – fertig sind die Brennstäbe! Bis zu vier Meter kann ein einzelner Brennstab lang sein. Die Brennstäbe werden nun zu Paketen zusammengefasst und landen als Brennelemente im Reaktor, genauer: in einem extrem dicht verschlossenen Behälter im Inneren des Reaktors, dem Reaktordruckbehälter. Der ist sozusagen der Ersatz für den großen Heizkessel im Kohlekraftwerk. In seinem Inneren werden die Uran-Atomkerne gespalten.
Aber was genau passiert bei der Kernspaltung?

Aufbau eines Reaktorbrennstabs

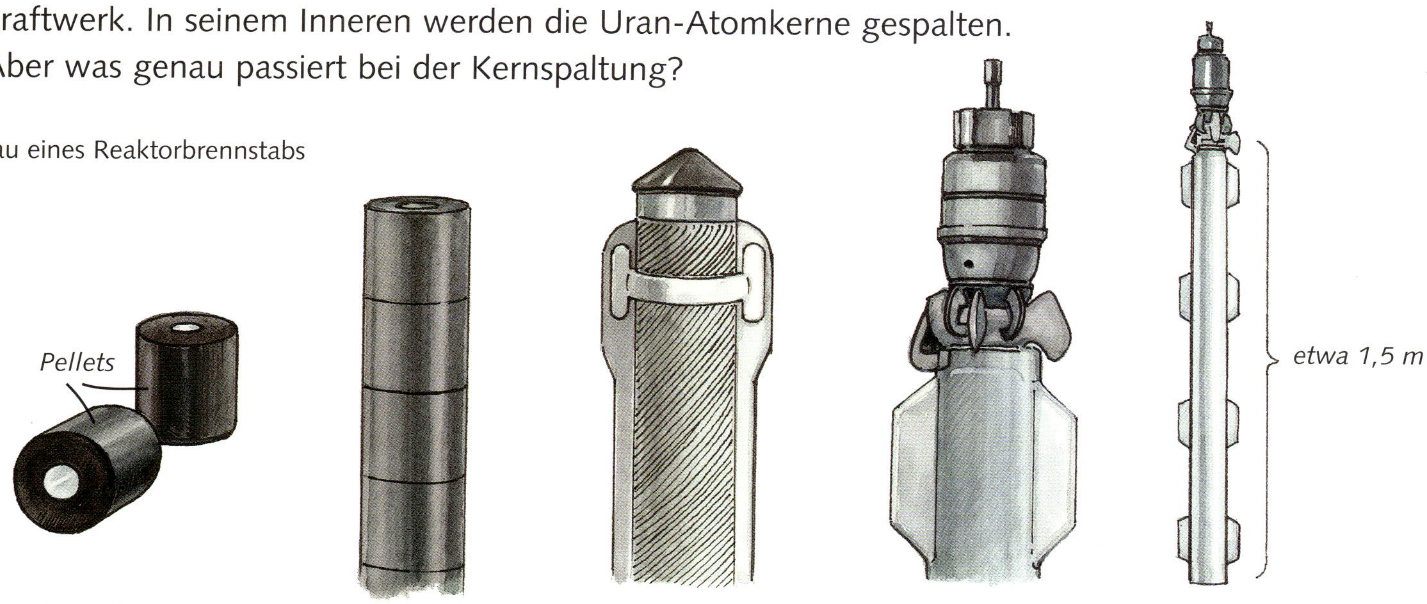

Wird ein langsames Neutron auf den Kern eines Uran-Atoms geschossen, wird es vom Kern geschluckt. Aber mit einem Neutron mehr ist der Kern instabil geworden. Im Bruchteil einer Sekunde zerbricht er in mehrere Teile: Er ist gespalten. Dabei werden gewaltige Mengen Energie in Form von Wärme frei – und weitere Neutronen. Durch die Spaltung haben sie ordentlich Schwung. Wenn sie so auf benachbarte Urankerne treffen, kommt es wieder zur Spaltung. In kurzer Zeit werden so immer mehr Kerne gespalten, deren Bruchstücke wiederum neue Kerne spalten: Eine Kettenreaktion entsteht. Weil bei jedem einzelnen Spaltvorgang eine gewaltige Menge Wärmeenergie frei wird, werden die Brennelemente richtig heiß.

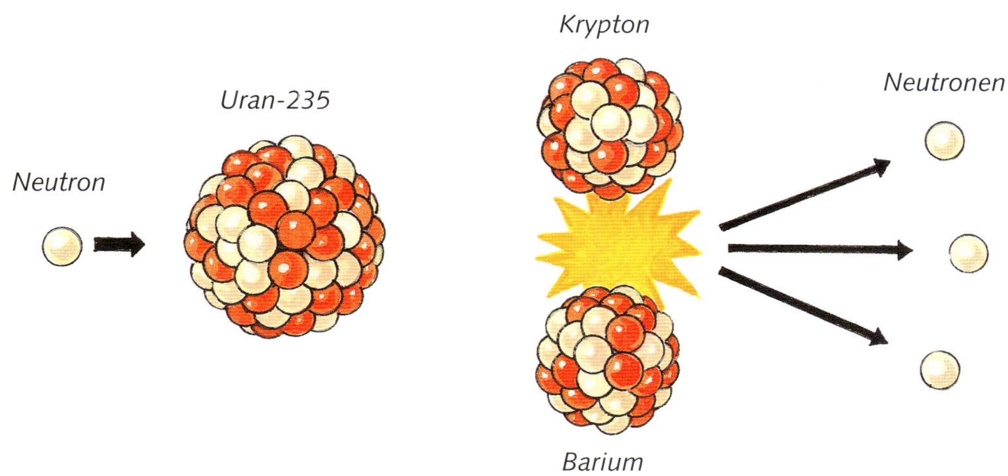

Weil der Dampf bei seinem Weg durch die Turbine an Schwung verliert und abkühlt, werden die Schaufeln der Laufräder nach hinten hin immer größer. So kann der Dampf die größtmögliche Kraft auf die Schaufeln ausüben.
In der Mitte der Laufräder verläuft die Turbinenwelle, eine stabile Stange aus Stahl. Sobald sich die Laufräder zu drehen beginnen, dreht sich auch die Welle. Sie ist mit einem **Generator** gekoppelt, der ihre Drehbewegung in elektrische Energie umwandelt: Es entsteht Strom. Über einen **Transformator** wird der Strom direkt ins Stromversorgungsnetz gespeist.

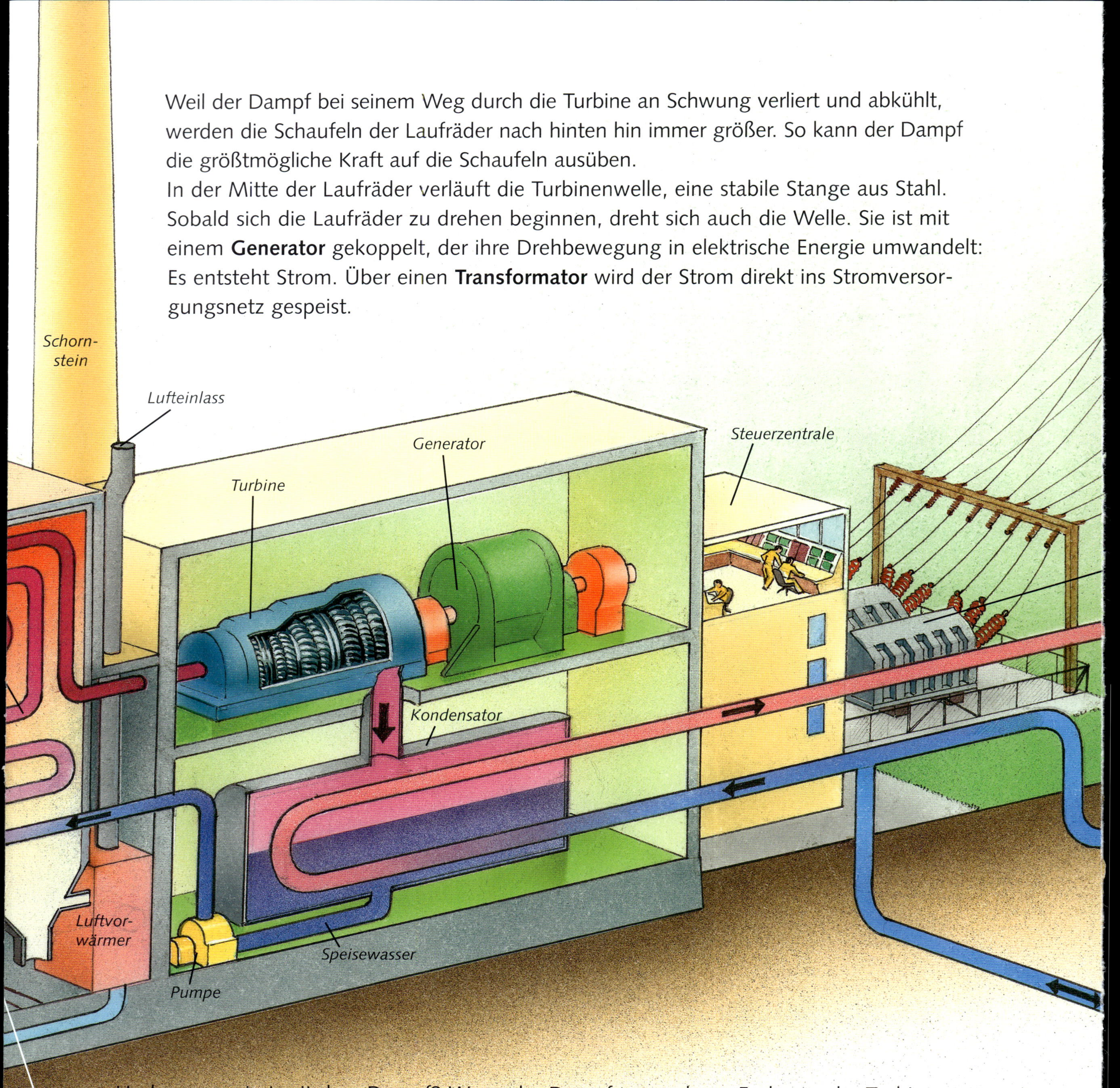

Und was passiert mit dem Dampf? Wenn der Dampf am anderen Ende aus der Turbine austritt, hat er gehörig an Druck und Temperatur verloren. Trotzdem ist er noch ziemlich warm. Er strömt durch die Rohrleitungen bis in den **Kondensator**. Der sorgt dafür, dass aus dem Dampf wieder Wasser wird, indem er ihn stark abkühlt: Der Dampf kondensiert. Als Wasser fließt er durch die Rohre zurück und wird schließlich erneut in den Dampferzeuger gepumpt: Jetzt geht sein Weg durch das Kraftwerk wieder von vorne los.

Der Kondensator ist Teil eines zweiten Rohrsystems, des sogenannten Kühlwasser-Kreislaufs. In diesem befindet sich ganz kaltes Wasser, das zum Beispiel aus nahe gelegenen Flüssen, Kanälen oder sogar aus dem Meer gepumpt wird. Im Kondensator verlaufen die beiden Rohrsysteme ein Stück weit dicht nebeneinander: Dabei kühlt das Kühlwasser den heißen Dampf ganz stark ab; es selbst nimmt die Hitze des Dampfes auf. Etwa 30 °C erreicht es so.

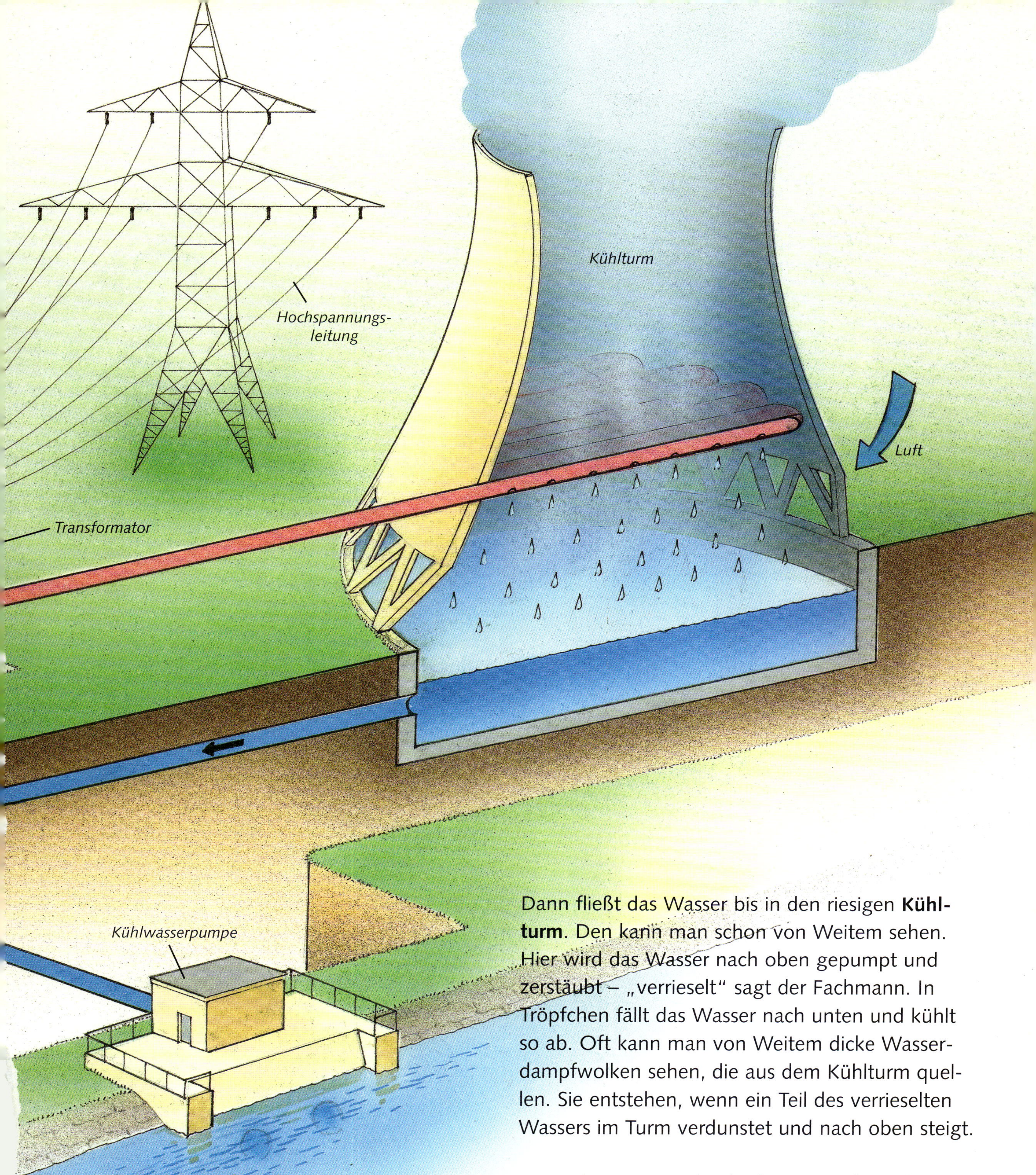

Dann fließt das Wasser bis in den riesigen **Kühlturm**. Den kann man schon von Weitem sehen. Hier wird das Wasser nach oben gepumpt und zerstäubt – „verrieselt" sagt der Fachmann. In Tröpfchen fällt das Wasser nach unten und kühlt so ab. Oft kann man von Weitem dicke Wasserdampfwolken sehen, die aus dem Kühlturm quellen. Sie entstehen, wenn ein Teil des verrieselten Wassers im Turm verdunstet und nach oben steigt.

Einige Kraftwerke erzeugen nicht nur Strom, sondern nutzen den heißen Dampf aus der Turbine auch, um damit zum Beispiel die umliegenden Dörfer, Städte und sogar Fabriken zu heizen und mit warmem Wasser zu versorgen. Sie speisen die erzeugte Wärme in das sogenannte Fernwärmenetz. Über unterirdisch verlegte, gut isolierte Leitungen geht es dann zu den einzelnen Häusern. Für ihre Bewohner ist das sehr praktisch, denn sie benötigen keinen eigenen Heizkessel; vielmehr zehren die Menschen von der nicht mehr benötigten Wärme des Kraftwerks.

Beim Verbrennen der Kohle entsteht Rauch mit vielen gefährlichen Stoffen. Damit diese Stoffe nicht in die Luft gelangen, ist das Kraftwerk mit einer sogenannten **Rauchgasreinigung** ausgestattet. In dieser Anlage werden die Abgase in mehreren Stufen von Schadstoffen befreit. Der Elektrofilter holt den im Rauchgas enthaltenen Staub heraus: Dafür wird das Abgas in den Elektrofilter geleitet. In ihm laden sich die Staubteilchen negativ auf. Sie werden dann von den positiv geladenen Elektroden im Filter angezogen. Regelmäßig werden die Elektroden abgeklopft: So fällt der Staub nach unten in den Asche-Abzug. Die gereinigten Abgase entweichen durch den schlanken Schlot in die Luft. Die Rückstände Asche und Gips können später im Straßenbau, zur Betonherstellung und auf der Baustelle genutzt werden.

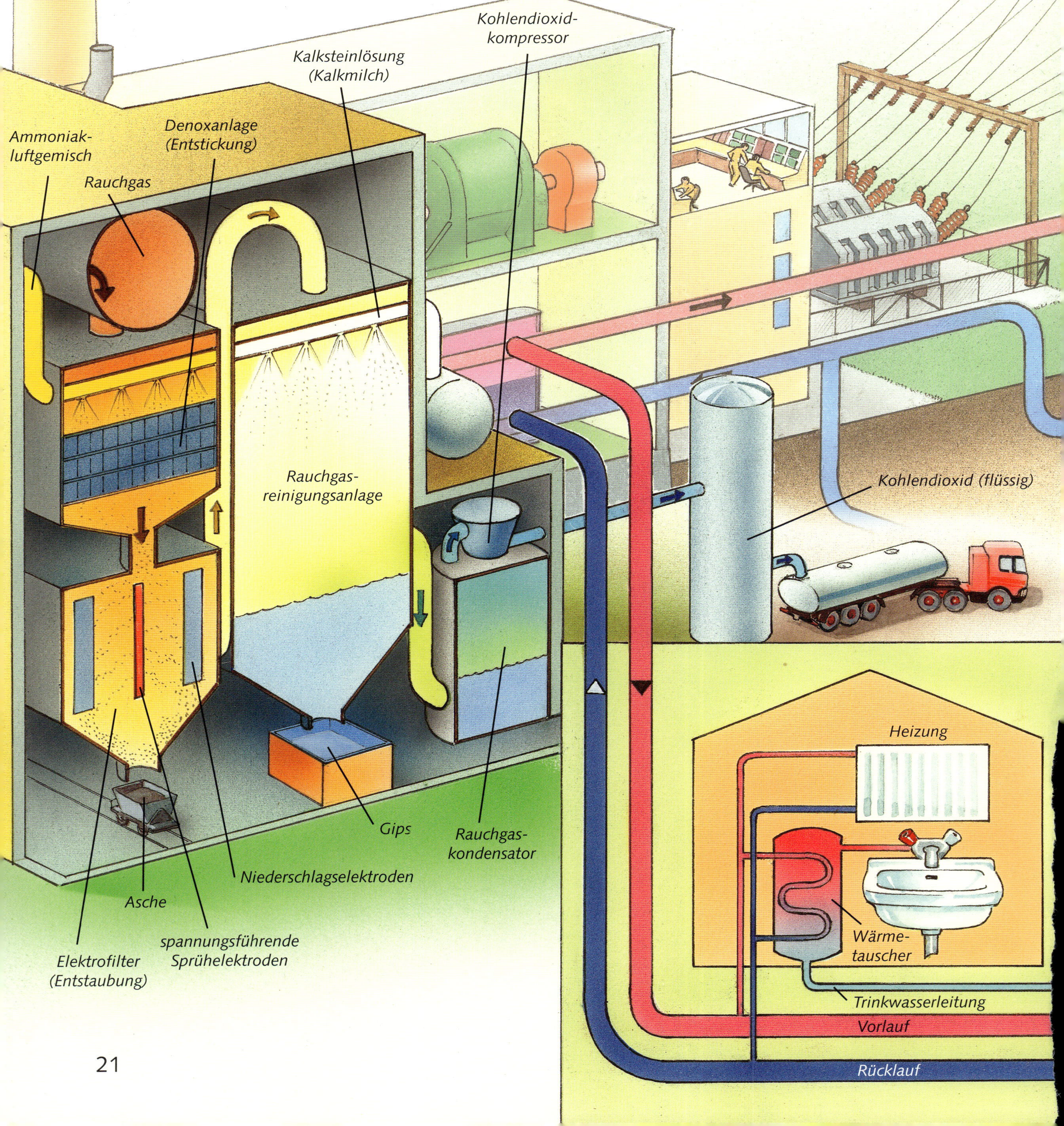

Rein äußerlich unterscheidet sich ein Kernkraftwerk nicht sonderlich von einem anderen Kraftwerk: Da gibt es das große Maschinenhaus, in dem die Turbine und der Generator zur Stromerzeugung untergebracht sind, sowie den gewaltigen Kühlturm, der das heiße Wasser am Ende wieder abkühlt. Lediglich die große Beton-Halbkugel, der Reaktor, fällt aus dem Rahmen. Der Reaktor lässt sich meist schon von Weitem erkennen. Er ist das Herz des Kernkraftwerks, denn in seinem Inneren findet die Spaltung der Atomkerne statt. Weil die Strahlung, die dabei entsteht, gefährlich ist, ist die Betonhülle des Reaktors mehrere Meter dick und besonders gesichert.

Kernkraftwerk

Was ist die Kernkraft?

Gleiche Ladungen stoßen sich ab. Warum halten die positiven Teilchen im Atomkern dann so fest zusammen? Sie scheinen regelrecht aneinanderzukleben. Eine gigantisch große Kraft muss sie also zusammenhalten. Das ist die sogenannte Kernkraft. Sie wirkt nur auf ganz kleinem Abstand – wie bei den Protonen im Kern. Das „Zusammenkleben" der Teilchen ist aber nicht bei allen Atomen von Dauer: Einige sind instabil und zerfallen plötzlich. Dabei stoßen sie winzige Teilchen aus. Diesen Zerfall nennt man Radioaktivität. Die weggeschleuderten Teilchen bilden die radioaktive Strahlung. Diese ist sehr gefährlich und kann zu schweren Gesundheitsschäden oder gar zum Tod führen. Weil sie bei der Kernspaltung entsteht, ist der Reaktor mehrfach gesichert, damit keine Strahlung nach außen dringt.

Der Reaktordruckbehälter sitzt mitten im Reaktor und ist an einen mit Wasser gefüllten Rohrkreislauf angeschlossen. Kräftige Pumpen halten das Wasser in Bewegung und drücken es an den erhitzten Brennelementen vorbei. So wird das Wasser ganz schnell heiß – bis zu 300 °C. Da das Wasser im Kreislauf der radioaktiven Strahlung voll ausgesetzt ist und deshalb nichts von ihm nach außen dringen darf, überträgt es die Wärme an einen zweiten Wasserkreislauf: Das Wasser im zweiten Kreislauf wird so ebenfalls extrem heiß und verdampft. Wie beim Kohlekraftwerk auch schießt dieser Dampf mit ungeheurer Kraft durch die Rohre bis zur großen Dampfturbine und bringt diese dabei richtig in Schwung. Der angeschlossene Generator wandelt die Drehbewegung der Turbine in elektrischen Strom um.

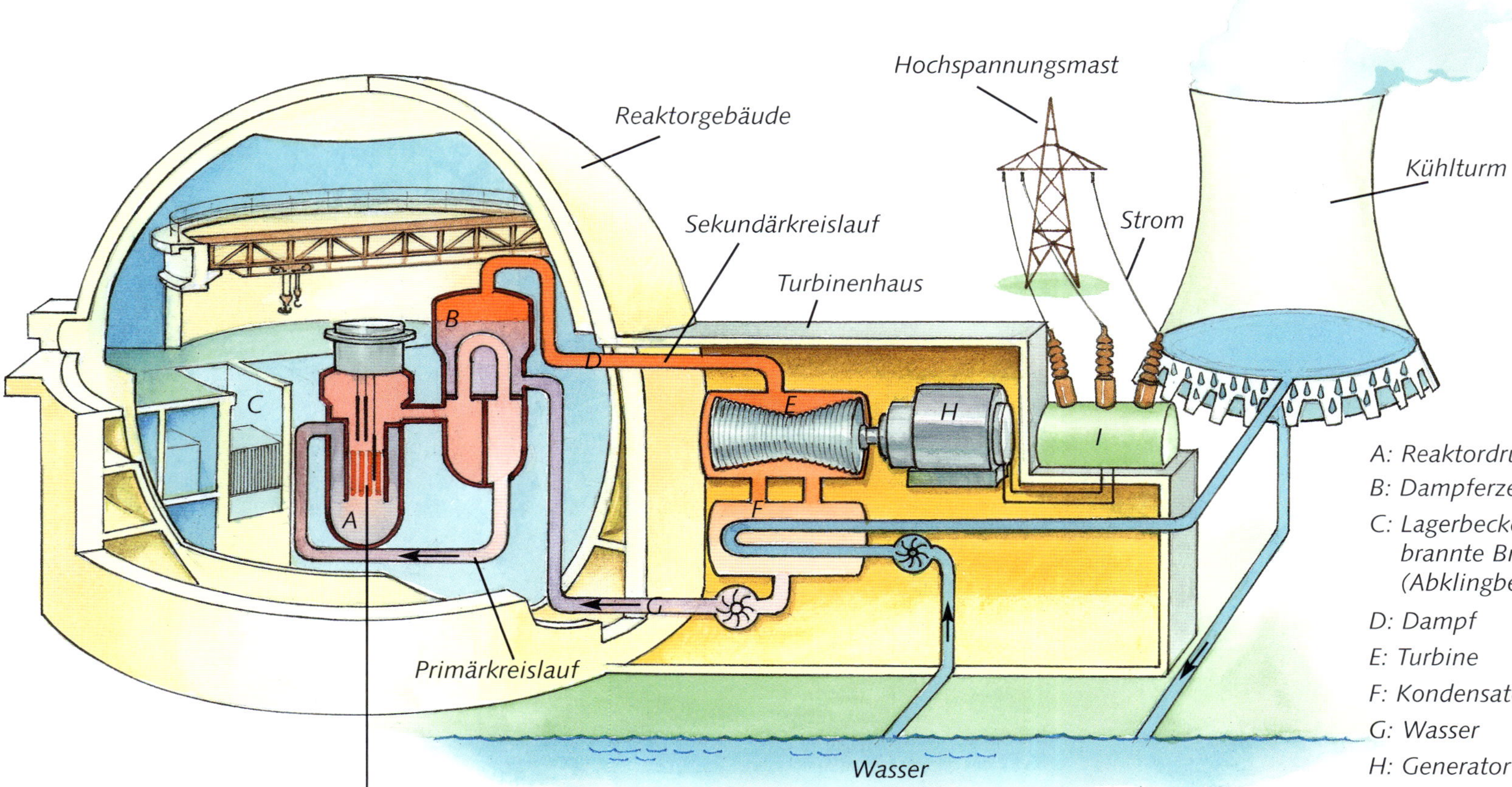

A: Reaktordruckbehälter
B: Dampferzeuger
C: Lagerbecken für abgebrannte Brennelement (Abklingbecken)
D: Dampf
E: Turbine
F: Kondensator
G: Wasser
H: Generator
I: Transformator

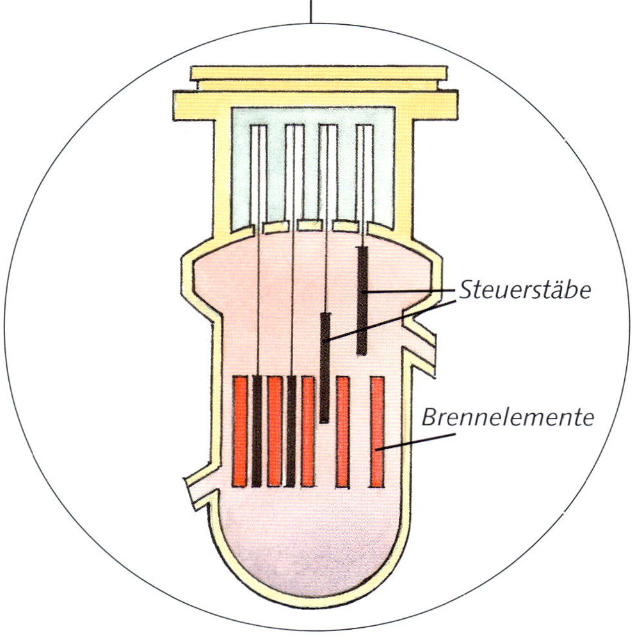

Reaktordruckbehälter

Einen einfachen Aus-Knopf für die Kernspaltung gibt es nicht. Wenn die Kettenreaktion einmal in Gang ist, ist sie nicht so leicht zu stoppen. Aber natürlich haben sich die Fachleute überlegt, wie sie auf die Uran-Atome in den Brennstäben Einfluss nehmen können. Dafür gibt es die sogenannten Steuerstäbe. Diese sind aus einem besonderen Material gefertigt, das die umherfliegenden Neutronen regelrecht aufsaugt – wie ein Schwamm. Und ohne herumfliegende Neutronen gibt es auch keine Kernspaltung. Soll die Kettenreaktion also gestoppt werden, genügt ein Knopfdruck, und die Steuerstäbe schieben sich zwischen die Brennstäbe. Das „Schwamm"-Material der Steuerstäbe fängt die umherschwirrenden Neutronen ein, und die Kettenreaktion wird unterbrochen.

Kernkraft: Nein, danke?

Kernkraftwerke sind seit langem ein umstrittenes Thema. Ihre Befürworter heben immer wieder die vielen Vorteile gegenüber anderen Arten der Stromerzeugung hervor: Zum einen entsteht Strom aus Kernenergie fast ohne Abgase. Zum anderen ist ein Kernkraftwerk nicht abhängig davon, ob die Sonne scheint oder der Wind weht, um Strom produzieren zu können. Die Kernkraftgegner hingegen verweisen auf die Gefahr, die von den ausgedienten Brennstäben ausgeht: Nach ihrem Einsatz werden die Brennstäbe zu radioaktivem Müll, der irgendwo gelagert werden muss – und niemand will ihn in seiner Nähe haben. Denn einige 100 000 Jahre lang kann der Müll wegen seiner radioaktiven Strahlung gefährlich bleiben. Außerdem haben die Menschen Angst vor einem möglichen Störfall. Deutsche Kernkraftwerke sind vergleichsweise sicher; aber ein Unfall kann niemals völlig ausgeschlossen werden.

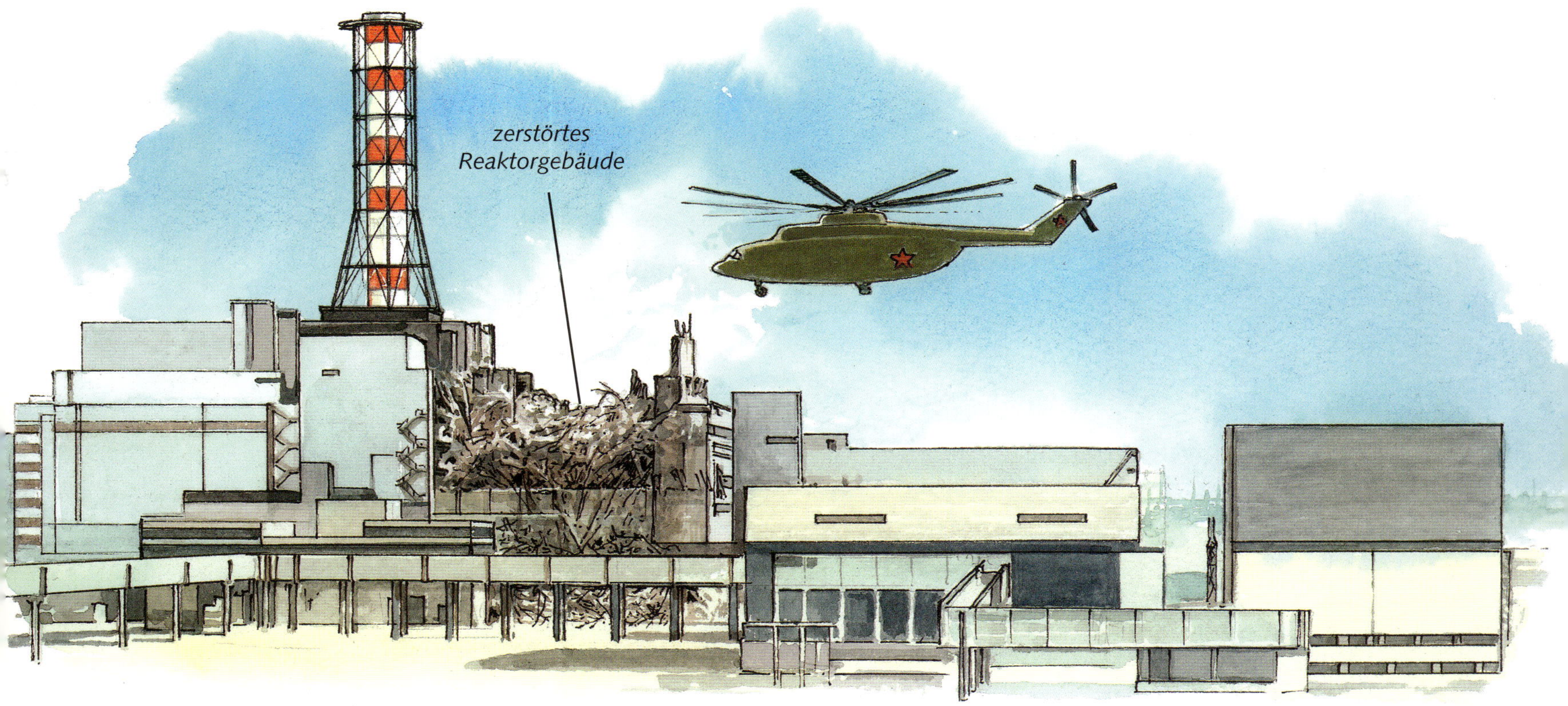

Tschernobyl im April 1986

Was passierte in Tschernobyl?

Der bislang größte Unfall in einem Kernkraftwerk ereignete sich am 26. April 1986 in der Ukraine in der Nähe der Stadt Tschernobyl. Bei dieser Katastrophe gab es eine gewaltige Explosion, bei der jede Menge radioaktive Strahlung ins Freie gelangte. Unzählige Menschen waren dieser Strahlung ausgesetzt, viele von ihnen starben. Wind und Regen haben die Strahlung weit verteilt. Sie war sogar hier in Deutschland, rund 2300 Kilometer von der Unglücksstelle entfernt, noch messbar.

Das Wasserkraftwerk

Auf einem Stausee lässt es sich nicht nur herrlich Bötchen fahren; in ihm ist auch jede Menge Wasser vorhanden, das zur Stromproduktion genutzt werden kann. Dafür wird Wasser durch eine Turbine geleitet, die wiederum einen Generator antreibt. Solche Wasserkraftwerke heißen auch Speicherkraftwerke, weil in ihnen eine Riesenmenge Wasser – und damit auch Energie – gespeichert ist.

Speicherkraftwerk

Eine Talsperre ist ein künstlich angelegter See. Dazu wird in einem Tal ein Fluss gestaut, bis sich hinter der stabilen Mauer aus Beton eine gigantische Masse Wasser befindet. Wer in einem Bach schon mal einen Staudamm gebaut hat, weiß, wie viel Kraft in aufgestautem Wasser steckt: Findet es auch nur das kleinste Loch im Damm, schießt es mit hohem Druck heraus. Dieser lässt sich im Wasserkraftwerk prima nutzen, um Strom zu produzieren. Und wie geht das?

Ein sehr großes Wasserkraftwerk

Ein sehr großes Wasserkraftwerk der Erde ist der Drei-Schluchten-Damm in China. Eine über zwei Kilometer lange und 184 Meter hohe Mauer staut den Fluss Jangtsekiang. Das Wasser wird genutzt, um mit 26 Turbinen Strom zu produzieren. Dieses riesige Wasserkraftwerk bringt jedoch einen großen Eingriff in die Natur mit sich: Über eine Millionen Menschen mussten für den Bau ihre Dörfer verlassen und sich ein neues Zuhause suchen. Auch die Folgen für die Pflanzen und Tiere sind noch nicht abzusehen.

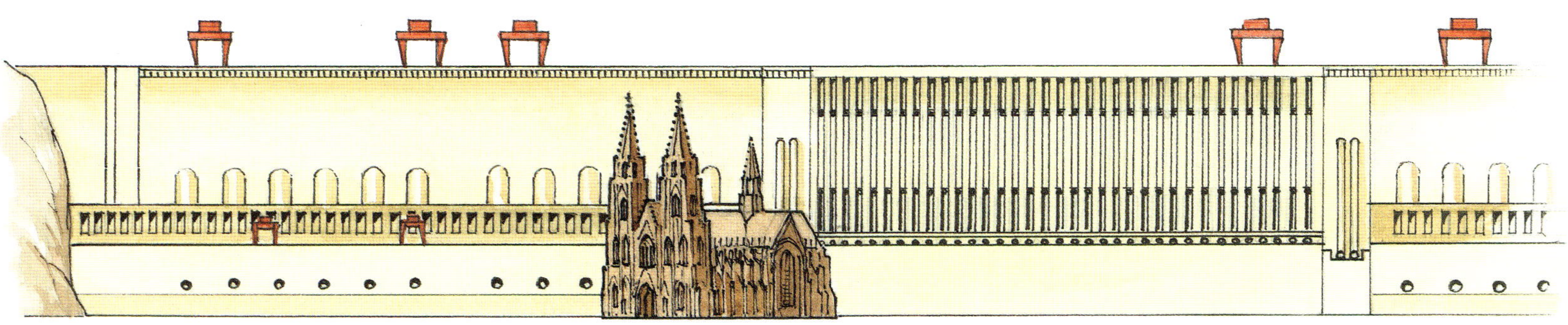

Größenvergleich: Drei-Schluchten-Damm/Kölner Dom

In der Staumauer gibt es eine Öffnung, durch die Wasser in ein dickes Rohr strömt. Damit auch wirklich nur Wasser in das Rohr gelangt, befindet sich meist ein Rechen vor der Öffnung: Hier bleiben alle Fremdkörper wie zum Beispiel Äste und Steine hängen. Gleich dahinter sitzt ein Schieber. Je nach dem, wie weit er ins Rohr hineinragt, lässt er mehr oder weniger Wasser durch – oder auch gar keins, wenn zum Beispiel Wartungsarbeiten oder Reparaturen am Wasserkraftwerk durchgeführt werden. Das Rohr führt direkt in den Turbinenraum. Hier sitzt das eigentliche Herzstück des Wasserkraftwerks, die Turbine. Sie funktioniert wie die Turbine im Wärmekraftwerk – nur dass sie statt mit heißem Dampf mit Wasser in Bewegung gesetzt wird. Für das Wasser geht es erst einmal aus dem einen Rohr in ein anderes: Dieses ist in sich gedreht wie ein riesiges Schneckenhaus. Wenn das Wasser durch die stählernen Windungen strömt, gewinnt es noch einmal ordentlich an Tempo. Die Leitschaufeln im Gehäuse lenken das Wasser in die Mitte. Dort drückt es kräftig gegen die einzelnen Schaufeln des Laufrades und setzt so die ganze Turbine in Bewegung.

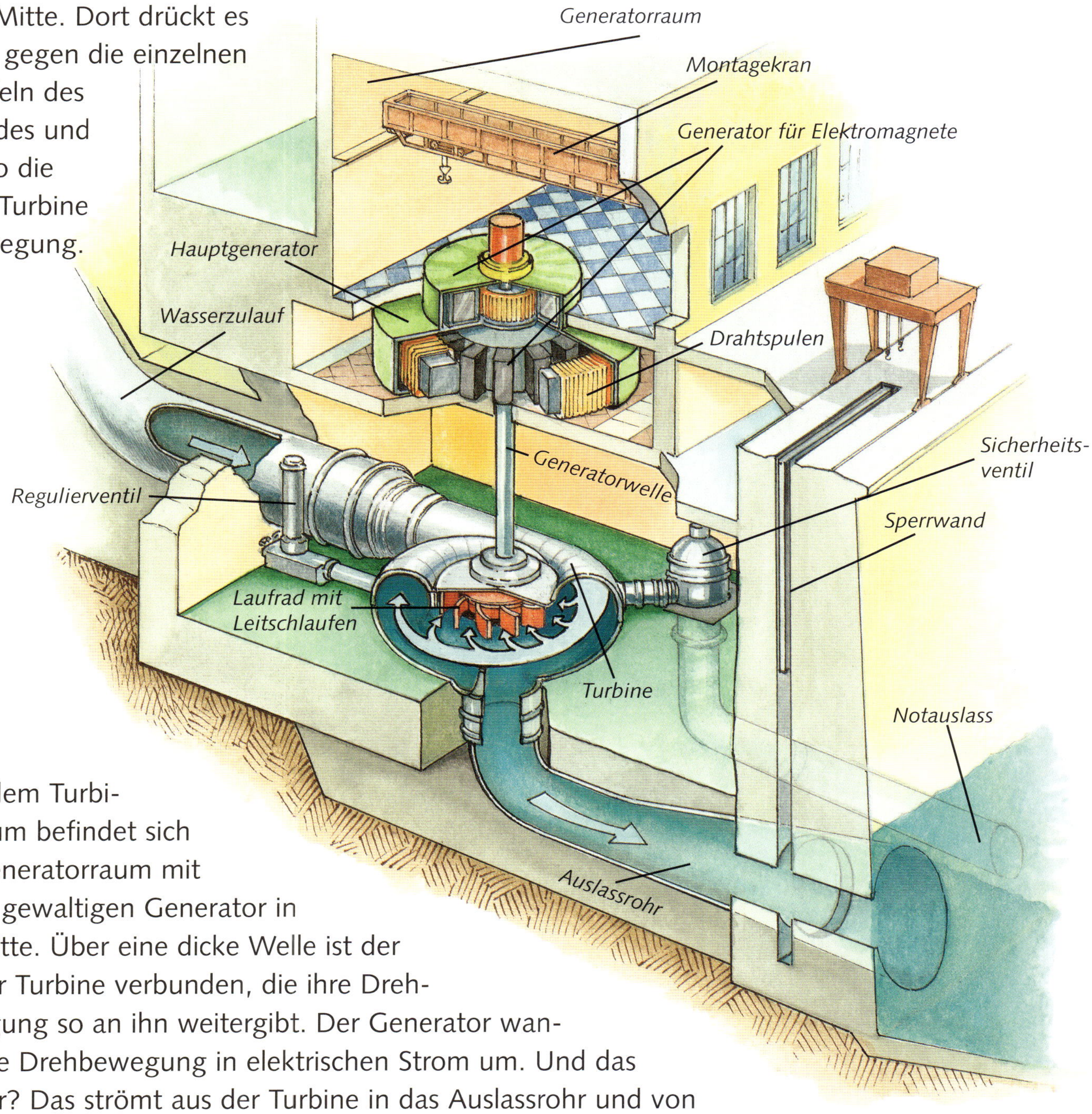

Über dem Turbinenraum befindet sich der Generatorraum mit einem gewaltigen Generator in der Mitte. Über eine dicke Welle ist der mit der Turbine verbunden, die ihre Drehbewegung so an ihn weitergibt. Der Generator wandelt die Drehbewegung in elektrischen Strom um. Und das Wasser? Das strömt aus der Turbine in das Auslassrohr und von hier nach außen in einen Fluss. Das Turbinengehäuse ist über ein weiteres Rohr mit dem Sicherheitsventil verbunden: Im Notfall, zum Beispiel bei einer Störung der Turbine, wird das Wasser hierhin umgeleitet. Es kann dann durch den Notauslass entweichen und kommt gar nicht mit der Turbine selbst in Berührung.

Andere Wasserkraftwerke

Das Wichtigste in jedem Wasserkraftwerk ist die Turbine, die mit ihrer Drehbewegung einen Generator antreibt. Es gibt jedoch unterschiedliche Möglichkeiten, wie diese Turbine in Gang gesetzt werden kann: zum Beispiel durch die Strömung eines Flusses, den Wechsel der Gezeiten oder die Kraft der Wellen.

Auch das Meer ist zur Stromproduktion gut geeignet. **Gezeitenkraftwerke** nutzen die Kraft von Ebbe und Flut, also der Gezeiten. Voraussetzung für den Bau eines Gezeitenkraftwerkes ist eine geschützte Meeresbucht. Sie wird durch einen stabilen Damm abgetrennt. Wie im Speicherkraftwerk auch hat der Damm Öffnungen, in denen jeweils eine Turbine und ein Generator sitzen. Bei Flut drückt sich das hereinströmende Wasser dann durch diese Öffnungen in die Bucht und treibt so die Turbinen an. Wenn sich das Wasser bei Ebbe wieder zurückzieht, nimmt es den umgekehrten Weg zurück durch den Kanal. Und wieder laufen die Turbinen. Weil das Wasser abwechselnd aus zwei Richtungen durch die Turbinen strömt, ist hier ein besonderer Turbinentyp mit verstellbaren Schaufelrädern gefragt: Diese Turbinen sehen ein wenig aus wie Schiffsschrauben. Ihr Propeller lässt sich der Strömungsrichtung und der Strömungsgeschwindigkeit anpassen. Bereits vor über 40 Jahren wurde das erste Gezeitenkraftwerk der Welt an der Küste Frankreichs gebaut. Der Betondamm, der die Bucht vom Meer abtrennt, hat eine Länge von 750 Metern. Er ist von 24 Öffnungen durchbrochen, in denen jeweils eine Turbine sitzt.

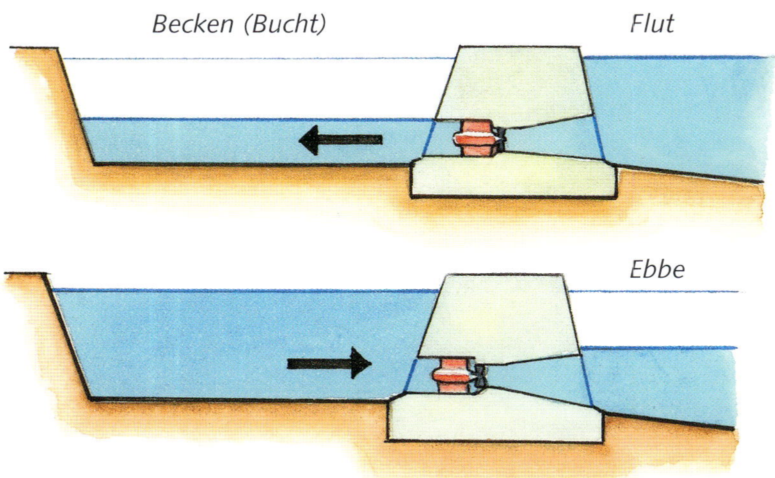

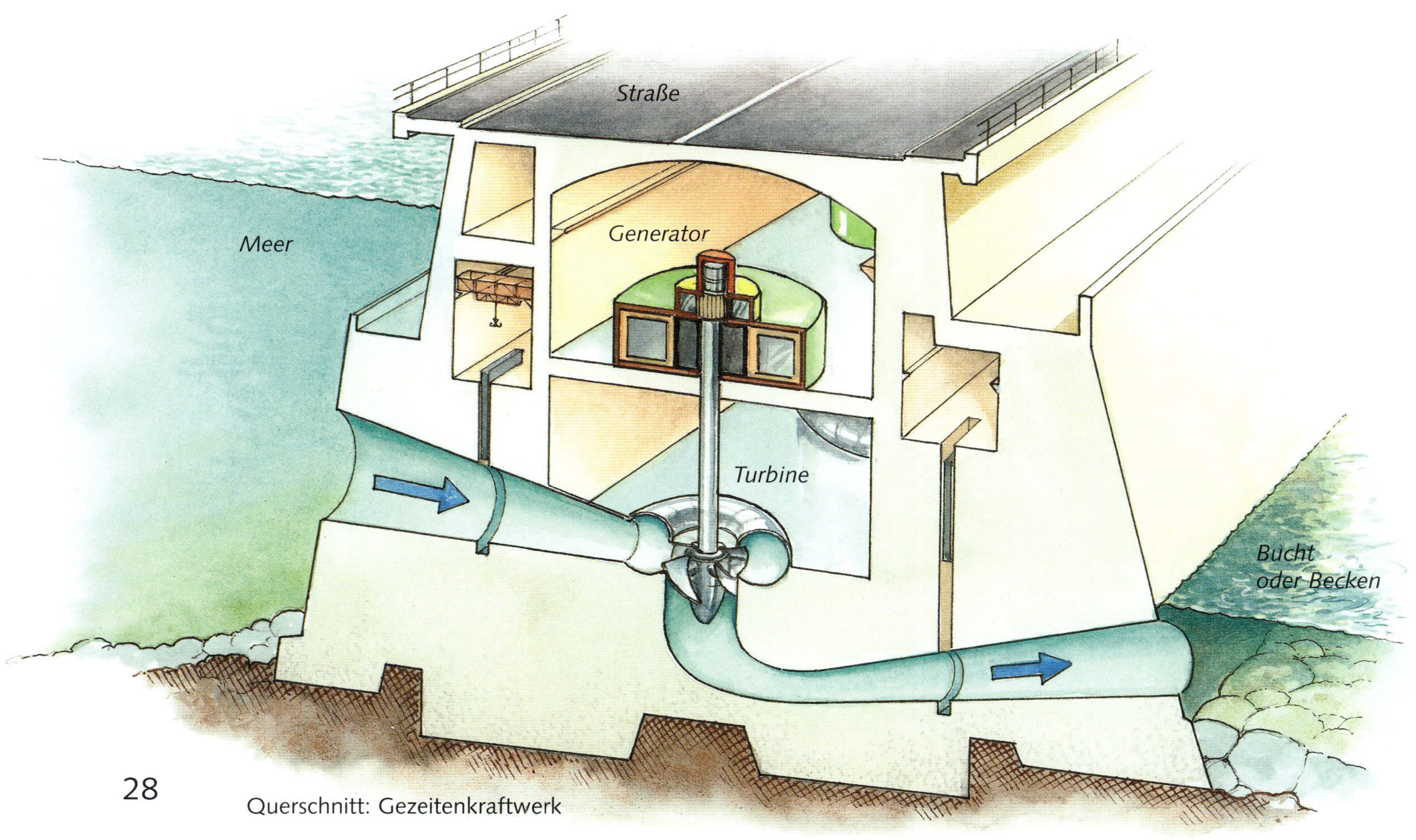

Querschnitt: Gezeitenkraftwerk

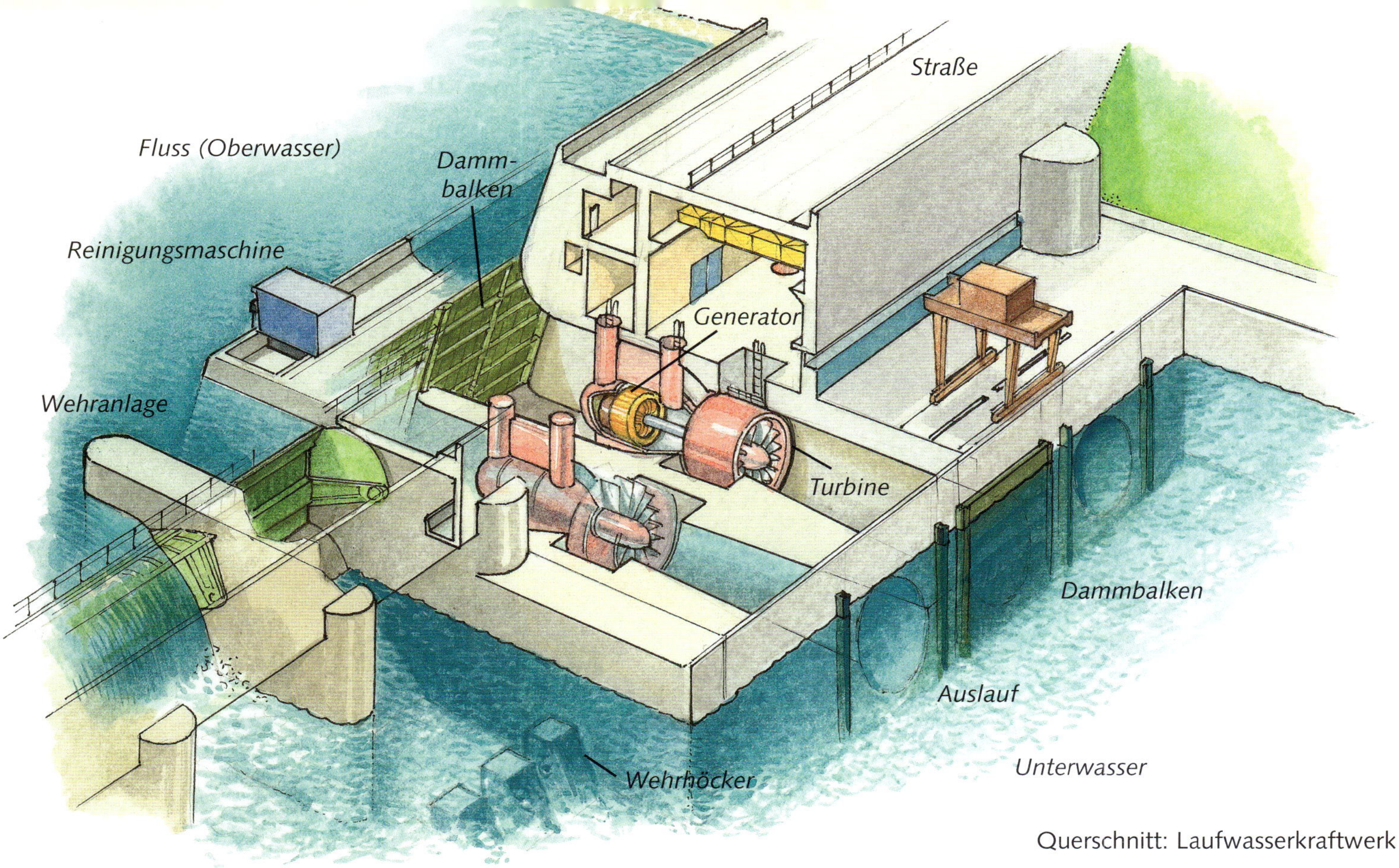

Querschnitt: Laufwasserkraftwerk

Laufwasserkraftwerke sind die moderne Form der alten Wassermühlen. Sie stehen an Flussufern und nutzen das am Kraftwerk vorbeifließende Wasser, um damit Turbinen anzutreiben. Häufig wurde dafür auch extra ein Teil des Flusswassers abgezweigt und durch einen eigenen Kanal zur Turbine geleitet. Modernere Laufwasserkraftwerke sind häufig auch direkt über den Fluss gebaut, sodass die Turbinen mitten im Wasser arbeiten können. Weil das Wasser in der Mitte eines Flusses schneller fließt, können sie mehr Strom produzieren als Wasserkraftwerke am Flussufer.

Ein **Wellenkraftwerk** nutzt die Kraft der Wellen zur Stromerzeugung. Dafür gibt es ganz verschiedene Möglichkeiten. Eine davon funktioniert so: Die Welle schwappt in eine Art Kamin, dessen Öffnung unterhalb der Meeresoberfläche liegt. Dabei drückt die Welle die Luft darin nach oben in eine kleine Kammer mit einer Spezialturbine darin. Auf ihrem Rückweg saugt die Welle die Luft durch die Turbine zurück. Fachleute nennen dieses Prinzip „schwingende Wassersäule". Auch bei diesem Wasserkraftwerk ist wieder eine spezielle Turbine nötig: Ihre Schaufeln sind so geformt, dass sich die Turbine immer in die gleiche Richtung dreht, egal, ob die Welle in den Kamin hinein- oder aus ihm hinausschwappt.

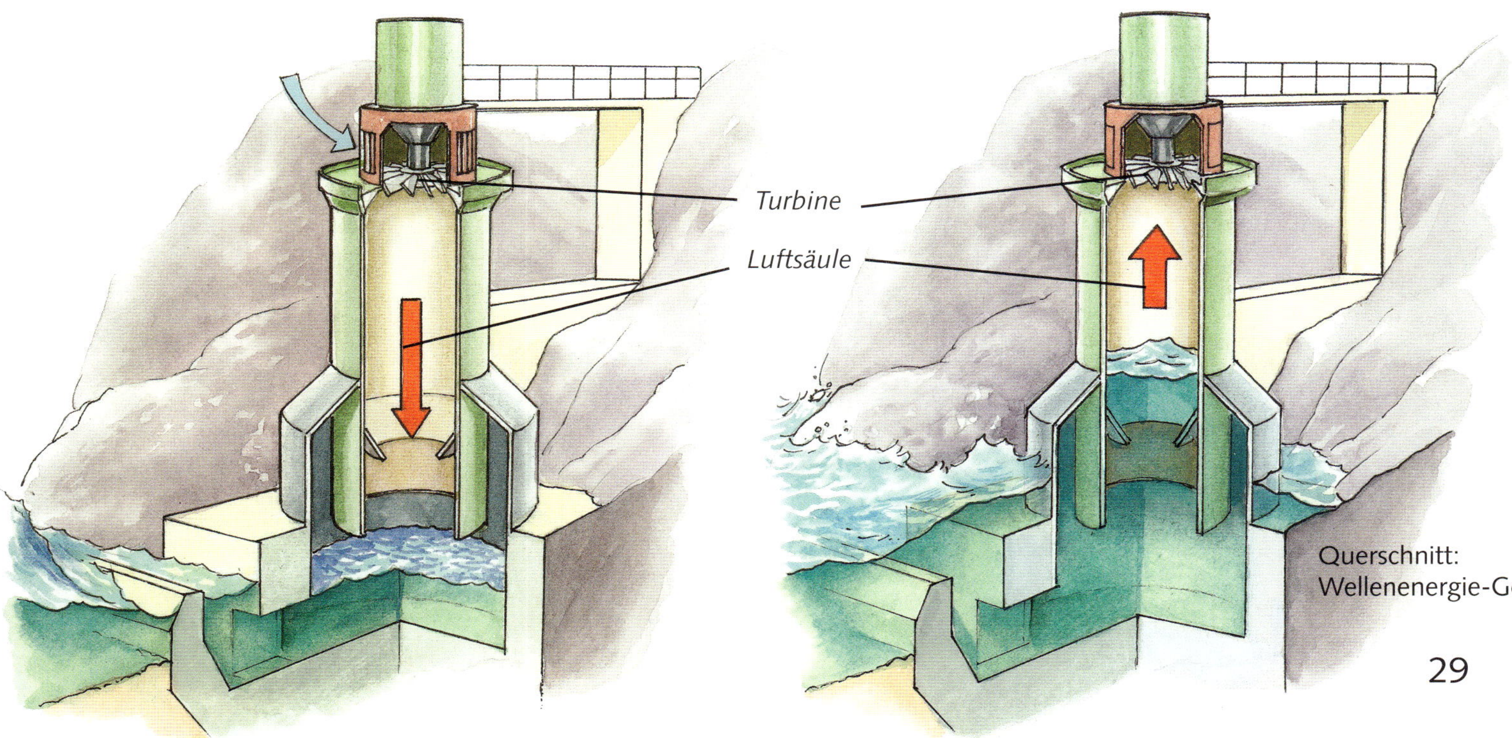

Querschnitt:
Wellenenergie-Generator

Die Windkraftanlage

Wenn der Wind über die Erde pustet, kann er ganz ordentlich Kraft entwickeln. Diese lässt sich auch für die Stromerzeugung nutzen. Möglich machen das riesige Windkraftanlagen, in denen ein Generator mit der Energie des Windes elektrischen Strom erzeugt.

Über 100 Meter können Windkraftanlagen in den Himmel ragen. Diese immense Höhe hat einen guten Grund: Hier oben weht der Wind gleichmäßiger und mit viel größerer Kraft, weil er nicht von Bäumen, Wäldern, kleineren oder größeren Ortschaften abgebremst wird. Oben auf dem Turm aus Beton oder Stahl sitzt die Gondel, das Herzstück der Windkraftanlage. An ihrer Vorderseite befindet sich der Rotor. Ausgestattet ist er meist mit drei Flügeln, den Rotorblättern. Diese bestehen aus einem stabilen, aber leichten Material und sind etwas gebogen. So kann der Wind sie schneller in Gang setzen. Bei großen Windkraftanlagen können die Rotorblätter über 60 Meter lang sein!

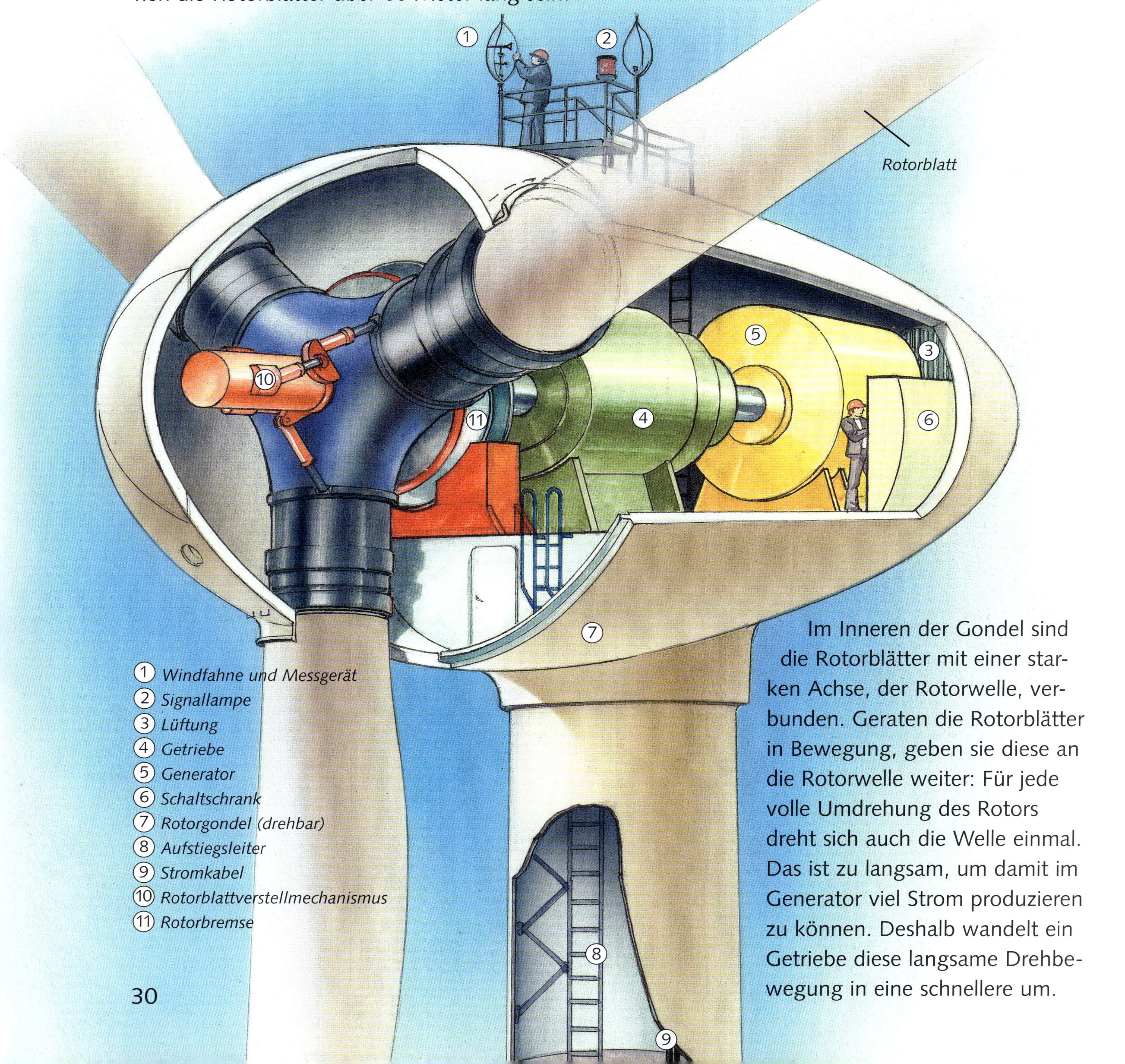

① Windfahne und Messgerät
② Signallampe
③ Lüftung
④ Getriebe
⑤ Generator
⑥ Schaltschrank
⑦ Rotorgondel (drehbar)
⑧ Aufstiegsleiter
⑨ Stromkabel
⑩ Rotorblattverstellmechanismus
⑪ Rotorbremse

Im Inneren der Gondel sind die Rotorblätter mit einer starken Achse, der Rotorwelle, verbunden. Geraten die Rotorblätter in Bewegung, geben sie diese an die Rotorwelle weiter: Für jede volle Umdrehung des Rotors dreht sich auch die Welle einmal. Das ist zu langsam, um damit im Generator viel Strom produzieren zu können. Deshalb wandelt ein Getriebe diese langsame Drehbewegung in eine schnellere um.

Weil der Wind natürlich nicht ständig aus derselben Richtung bläst, ist die Gondel drehbar. Windsensoren auf ihrer Oberseite registrieren, woher der Wind gerade kommt. Elektromotoren sorgen dann dafür, dass sich die Gondel mitsamt Rotor genau in Richtung des Windes bewegt. Der Wind bläst am Meer meist viel kräftiger als im Landesinneren. Deshalb werden Windkraftanlagen vor allem an der Küste gebaut – oder sogar auf dem Wasser: Die sogenannten Offshore-Anlagen stehen auf langen Stelzen direkt im Meer. Über robuste Unterseekabel gelangt der erzeugte Strom aufs Festland. Je intensiver der Wind pustet, umso schneller dreht sich auch der Rotor und umso mehr Strom kann der Generator produzieren. Doch wenn der Wind zu heftig wird (etwa ab 100 Kilometer pro Stunde), muss der Rotor gebremst oder aus dem Wind gedreht werden, damit die Anlage keinen Schaden nimmt.

Was macht ein Getriebe?

Mit einem Getriebe lässt sich zum Beispiel eine Drehgeschwindigkeit ganz leicht ändern. Dies geschieht über verschieden große Zahnräder.
Ein großes Zahnrad braucht für eine Umdrehung mehr Zeit als ein kleines. Ein kleines Zahnrad hat in der gleichen Zeit schon viel mehr Umdrehungen hinter sich: Es läuft also schneller.
Treibt nun das große, langsame Zahnrad das kleine, flinke an, wird aus einer langsamen Drehbewegung eine schnelle.

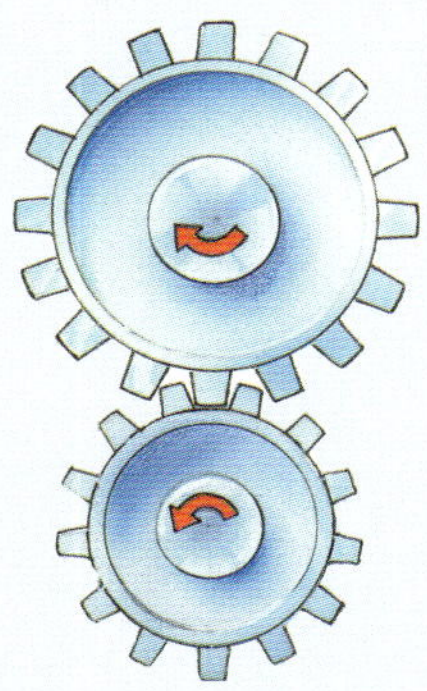

Die Windmühle

Schon vor vielen hundert Jahren haben die Menschen mithilfe von Windmühlen die Kraft des Windes genutzt, um damit zum Beispiel Getreide zu mahlen. Die Windmühlen waren meist mit vier Flügeln ausgestattet, die oft mit Segeltuch bespannt waren. Sobald der Wind blies, fingen die Flügel an sich zu drehen. Über die Flügelwelle und verschiedene hölzerne Zahnräder wurde diese Bewegung weitergegeben bis zu den schweren Mahlsteinen, die das Korn zu Mehl verarbeitet haben. Heute kannst du noch einige der Vorläufer unserer modernen Windkraftanlagen im Norden Deutschlands, aber auch in den Niederlanden oder an Spaniens Küsten bestaunen.

Bockwindmühle

Die Fotovoltaikanlage

Die Sonne sendet mit ihren Strahlen jeden Tag etwa 30-mal so viel Energie auf die Erde, wie die Menschen in einem ganzen Jahr benötigen. Mit Solarzellen lässt sich ein Teil dieser Energie einfangen und in Strom umwandeln. Weil die Stromausbeute einer einzigen Solarzelle jedoch ziemlich gering ist, werden in Solarstromanlagen – der Fachmann nennt sie Fotovoltaikanlagen – gleich Hunderte der hauchdünnen, blau-schwarzen Scheiben nebeneinander angeordnet.

Fotovoltaikanlagen versorgen zum Beispiel Straßenlaternen oder Parkscheinautomaten mit Strom, aber auch ganz normale Wohnhäuser. Bei Häusern werden Fotovoltaikanlagen oft auf dem Dach montiert, denn dort oben bekommen die Solarzellen recht viel Sonne ab. Meist sind die blau-schwarzen Scheiben schräg angebracht: Zum einen kann das Regenwasser so gut ablaufen und dabei gleich den Staub abwaschen; zum anderen arbeiten Solarzellen effektiver, wenn die Sonnenstrahlen direkt und senkrecht auf sie treffen.

Solarzellen wandeln Sonnenlicht direkt und ohne Zwischenschritte in Strom um. Einen Generator wie in der Windkraftanlage oder eine Turbine wie im Wasser- oder Wärmekraftwerk braucht man also nicht, genauso wenig einen Brennstoff. Weil bei dem Umwandlungsprozess keine Abgase entstehen, arbeitet die Solarzelle an sich umweltfreundlich.

Aber wie entsteht der Strom in der Solarzelle? Das Geheimnis liegt in der Art des Materials, aus dem Solarzellen hergestellt werden. Bei dem Material handelt es sich um einen Halbleiter, meist Silizium. Halbleiter sind eigentlich keine guten Stromleiter, doch haben sie eine besondere Eigenschaft: Wenn Licht auf sie fällt, verändern sie sich, genauer: Die Lichtenergie setzt in ihnen Elektronen frei.

Beispiele für Solarbetrieb

Die Solarzelle besteht aus zwei verschiedenen Arten von Silizium. Diese sind in zwei Schichten übereinander angeordnet. In der oberen Schicht befindet sich Silizium, dessen Atome zu viele Elektronen haben. Weil Elektronen negativ geladen sind, ist auch die ganze Schicht negativ geladen. Deshalb heißt sie n-Schicht – das „n" ist eine Abkürzung für „negativ". Bei der unteren Schicht ist es genau umgekehrt: Hier fehlen den Atomen einige Elektronen, sie haben „Löcher". Deshalb ist diese Schicht positiv geladen und heißt p-Schicht. (Das „p" steht für „positiv".)

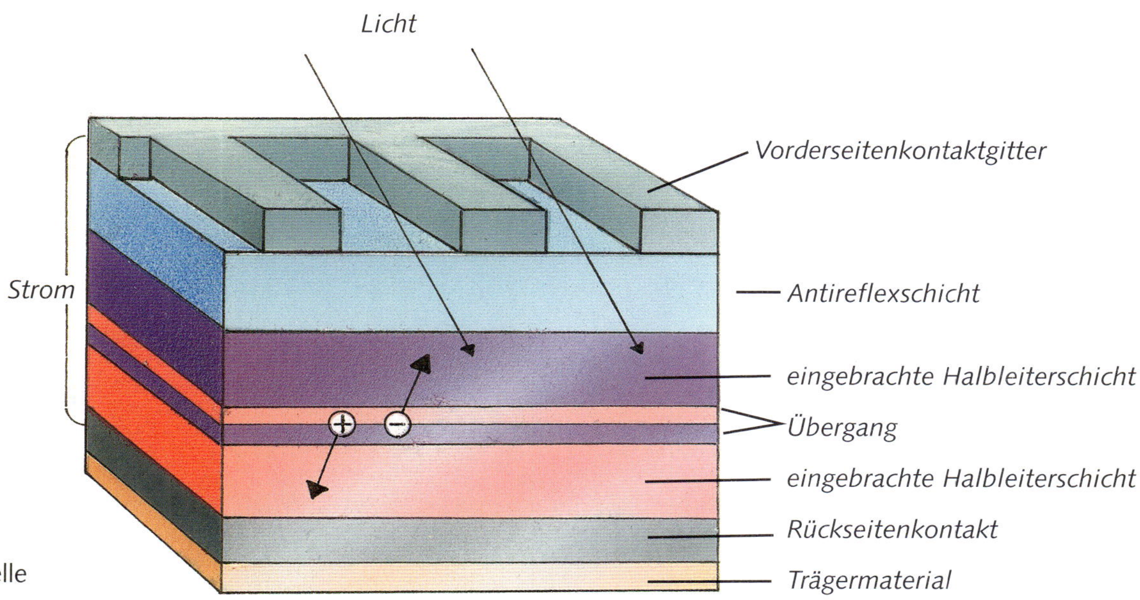

Aufbau einer Solarzelle

Fällt nun ein Lichtstrahl auf die Solarzelle, setzt er in beiden Schichten weitere Elektronen frei. Die Elektronen in der unteren Schicht erhalten dabei einen regelrechten Schubs und „hüpfen" in die obere Schicht. An den Stellen, wo ein Elektron aus der unteren Schicht verschwunden ist, herrscht nun ein Loch, das gleich wieder gefüllt wird mit nachrückenden Elektronen. Dieser Elektronenfluss ist nichts anderes als elektrischer Strom. Aluminiumstränge führen ihn aus den einzelnen Zellen und schließlich aus der ganzen Anlage hinaus.

Mit Solarzellen ins Weltall

Ihren ersten richtigen Einsatz hatten Solarzellen gar nicht auf der Erde, sondern im Weltraum: 1958 rüsteten die Amerikaner einen Satelliten mit Solarzellen aus, die einen Sender mehrere Jahre lang mit Strom versorgten. Auf der Erde setzten sich diese Stromerzeuger erst langsam durch, da die Herstellung anfangs sehr teuer und aufwendig war. Heute finden sich Solarzellen an den unterschiedlichsten Orten: Sie versorgen weit abgelegene Berghütten genauso mit Strom wie zum Beispiel Taschenrechner.

So kommt der Strom ins Haus

Viele verschiedene Kraftwerke und Anlagen produzieren den elektrischen Strom, der überall bei uns im Land benötigt wird. Aber wie gelangt der Strom bis in jedes einzelne Haus, in die Fabriken und in die Bürogebäude? Für die Verteilung sorgt ein langes, verzweigtes Stromnetz, das sich durch das ganze Land zieht.

Das Stromnetz kann man sich vorstellen wie unser Straßennetz: Große Distanzen werden mit den Hochspannungsleitungen überbrückt. Sie sind so etwas wie die Autobahnen des Stromnetzes. Wie ihr Name schon sagt, fließt der Strom hier mit einer sehr hohen Spannung: mit 220 000 oder gar 380 000 Volt. So gibt es die wenigsten Verluste – und das ist wichtig. Schließlich soll der gesamte, aufwendig erzeugte Strom bei den Verbrauchern ankommen. Hochspannungsleitungen hängen an hohen Masten, eine Vorsichtsmaßnahme, damit niemand sie versehentlich berührt, denn das wäre lebensgefährlich. Vor Städten, Dörfern oder großen Fabriken wird der Strom in einem Umspannwerk von einem Transformator in eine Spannung von 20 000 Volt umgewandelt: Jetzt geht es sozusagen über die Bundesstraßen des Stromnetzes weiter.

In der Stadt verlaufen die Stromleitungen unterirdisch: Das ist ungefährlicher und platzsparender. Auf dem Land wird der Strom über der Erde durch die Überlandleitungen in die Dörfer transportiert.

Bevor der Strom schließlich in die einzelnen Häuser gelangt, wird seine Spannung in kleinen Verteiler- oder Trafohäuschen noch einmal verringert – „runtertransformiert“ sagen die Fachleute. So kommt der Strom mit der gebräuchlichen Netzspannung von 230 Volt im Haus an. Meist ist der Anschluss im Keller. Hier hängt auch gleich der Stromzähler. Der registriert genau, wie viel Strom ins Haus hineinfließt. Das ist wichtig für die Energieversorgungsunternehmen, die den Strom verkaufen: Je mehr Strom eine Familie verbraucht hat, umso höher ist die Stromrechnung am Ende des Jahres. Über Leitungen in den Wänden gelangt der Strom bis in die Steckdose.

Energiesparen ist kinderleicht!

Wenn jeder mitmacht, lässt sich eine Menge Energie einsparen; gleichzeitig wird der Geldbeutel geschont.

- Denk daran, das Licht auszuschalten, wenn du einen Raum verlässt.
- Bitte deine Eltern, lieber Energiesparlampen zu verwenden.
- Achte darauf, dass Ladegeräte für Handy und Co. nicht in der Steckdose stecken, wenn sie nicht gebraucht werden. Denn sie benötigen ständig Strom, auch wenn keine Geräte zum Aufladen angeschlossen sind.
- Schalte Fernseher, Computer und andere elektronische Geräte richtig aus statt nur in den Stand-by-Modus. Denn in dieser Bereitschaftseinstellung verbrauchen sie noch immer viel Strom.
- Mit einem Strommesser kannst du prüfen, wie viel Energie die Geräte bei euch zu Hause verbrauchen. So kommst du sogenannten Stromfressern auf die Spur, Geräten also, die überdurchschnittlich viel Strom verbrauchen.

Die Zentralheizung

In den meisten Häusern sorgt eine Zentralheizung dafür, dass es im Inneren schön warm ist. Durch ein System aus Rohren gelangt Energie in Form von Wärme in die einzelnen Zimmer. Erzeugt wird die Wärme durch das Verbrennen von Erdgas oder Erdöl im Heizkessel.

Der Heizkessel ist das Herzstück der Zentralheizung. Bei den meisten Häusern ist er in einem Extraraum im Keller untergebracht. Im Heizkessel entsteht die Wärme für das ganze Haus, und zwar durch das Verbrennen von Erdgas oder Heizöl. Doch wie gelangt die so entstandene Hitze nach oben in die einzelnen Zimmer? Diese Aufgabe übernimmt ein sogenannter Wärmeträger. Das ist ein Stoff, der die Hitze aufnimmt, sie transportiert und in den Räumen schließlich wieder abgibt. Als Wärmeträger wird meistens Wasser verwendet, aber auch Luft und Dampf sind dafür geeignet.

Zunächst wird das Wasser – also der Wärmeträger – im Heizkessel erhitzt. Dann fließt es durch einen Kreislauf aus Rohren, der sich durch das gesamte Haus zieht. Die Rohre sind besonders gut isoliert, denn das erhitzte Wasser soll seine Wärme ja erst in den einzelnen Räumen abgeben. Hier strömt es durch die Heizkörper und erwärmt sie dabei. Weil die Heizkörper nicht isoliert sind, geben sie die Wärme an die Luft im Zimmer ab. Dadurch kühlt das Wasser im Heizkörper ab und fließt durch die Rohre zurück in den Heizungsraum. Im Heizungskessel wird es erneut erhitzt, und der Kreislauf beginnt von vorne.

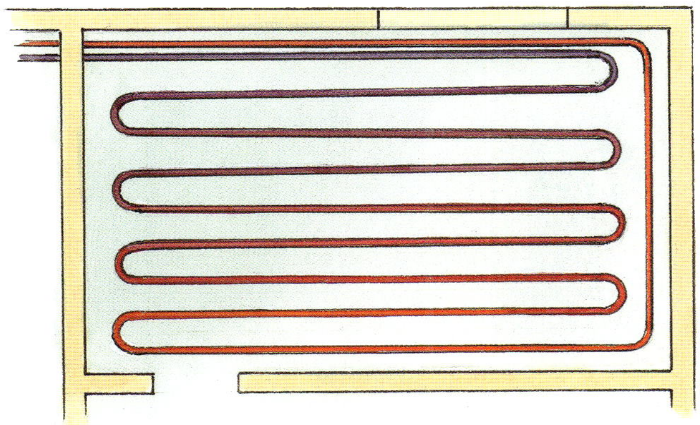

Draufsicht: Fußbodenheizung

Ein Fußbodenheizungsrohr wird verlegt.

Viele Häuser sind heute mit einer Fußbodenheizung ausgestattet. Dabei verlaufen unter dem Fußboden stabile Kunststoffrohre, durch die das warme Wasser aus der Zentralheizung fließt. Damit der ganze Boden gleichmäßig warm wird, sind die Rohre in engen Schlaufen verlegt. Darüber hinaus versorgt die Zentralheizung auch Küche und Bad mit warmem Wasser: Durch ein zweites Rohrsystem wird vom Heizkessel erhitztes Wasser nach oben befördert und sprudelt dort heiß aus dem Hahn.

Damit der Heizkessel ständig Nachschub an Brennstoff bekommt, sind die Häuser in den Städten meist an das Erdgasnetz angeschlossen. Wie beim Stromnetz verlaufen unterirdische Leitungen von den Energieversorgungsunternehmen zu den einzelnen Häusern. So gelangt das Erdgas direkt in den Heizungsraum, wo es gebraucht wird.
Auf dem Land ist das Erdgasnetz nicht so gut ausgebaut, da es sehr teuer ist, über so weite Strecken Gasleitungen zu verlegen. Die Menschen dort werden regelmäßig von Lkws mit Erdgas oder Heizöl beliefert. Beide Brennstoffe werden dann in Tanks gelagert.

Was ist ein Hypokaustum?

Bereits vor über 2000 Jahren haben die Römer viele ihrer Gebäude mit einer Fußbodenheizung ausgestattet, dem Hypokaustum. Das Wort „Hypokaustum" stammt ursprünglich aus dem Griechischen und heißt übersetzt in etwa „von unten geheizt". Bei der römischen Fußbodenheizung wurde heiße Luft aus einem speziellen Ofen in einen ausgedehnten Hohlraum unter dem Fußboden geleitet. Nach und nach erhitzte die heiße Luft den Boden und sorgte so für eine wohlige Wärme im Raum. Im Gebiet des heutigen Italien wurde die Hypokaustum-Heizung meist in Thermen, also den Badehäusern, eingebaut. Im Norden, wo es im Winter viel kälter wird, wurden mit dieser besonderen Heizung auch Wohnhäuser ausgestattet.

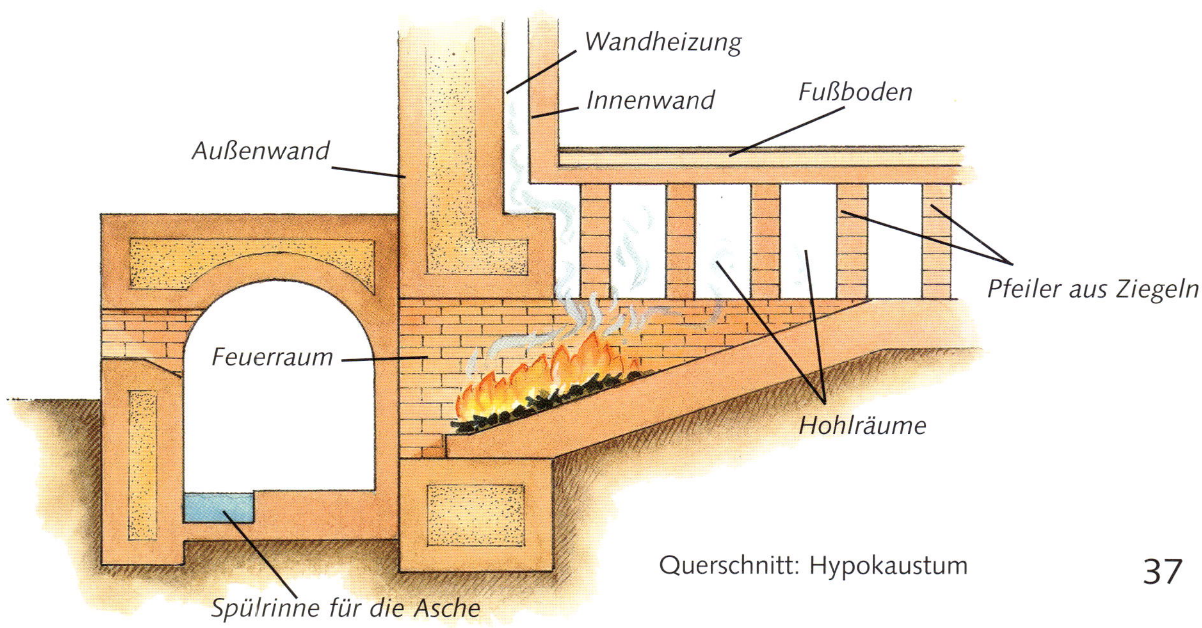

Querschnitt: Hypokaustum

Die Biogasanlage

Heute arbeiten Zentralheizungen meist mit Erdgas, das ähnlich wie Erdöl aus dem Inneren der Erde gefördert wird. Doch diese Vorräte werden nicht ewig halten. Deshalb arbeiten Fachleute an alternativen und umweltfreundlichen Möglichkeiten, um Erdgas zu gewinnen. Eine davon ist die Biogasanlage.

Wer einen Komposthaufen im Garten hat, kennt diesen Vorgang bestimmt: Pflanzenreste, Grasschnipsel, Kartoffelschalen und andere organische Abfälle beginnen rasch zu gären und verwandeln sich schließlich in Komposterde. Dabei vertilgen winzig kleine Lebewesen, sogenannte Mikroorganismen, die Pflanzenmasse und zersetzen sie.

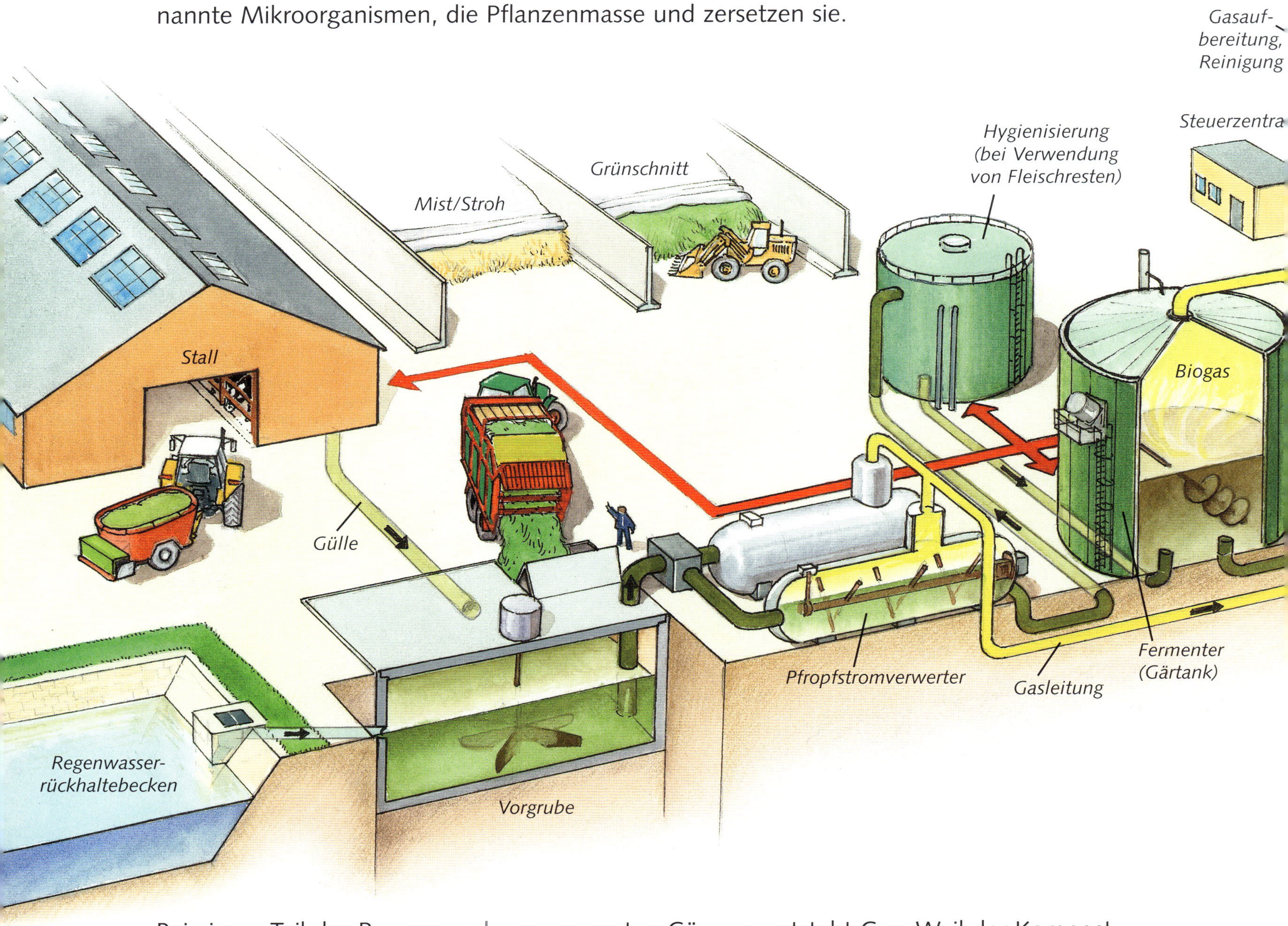

Bei einem Teil des Prozesses, der sogenannten Gärung, entsteht Gas. Weil der Kompost an der frischen Luft steht, bemerkt man das normalerweise nicht. Die Biogasanlage ist im Grunde nichts anderes als ein riesiger Komposthaufen. Sie fängt genau dieses Gas auf und macht es für uns nutzbar.

In einer großen Biogasanlage werden natürlich keine Küchen- und Gartenabfälle verwendet, sondern Pflanzen wie Mais, Getreide oder verschiedene Gräser. Diese Pflanzen werden in der Nähe der Anlage angebaut, dann geerntet und vor dem Weiterverarbeiten ganz kleingehäckselt.

Die Pflanzenteilchen landen im sogenannten Fermenter, dem großen Gärtank. Der ist dicht verschlossen, damit weder Luft hinein- noch Biogas hinausgelangen kann. Nun beginnt der Gärprozess: Die Mikroorganismen in den Pflanzenstückchen fangen an zu arbeiten, und Gas entsteht. Dieses Gas wird Biogas genannt, weil es direkt aus Biomasse – also aus Pflanzen – gewonnen wird.

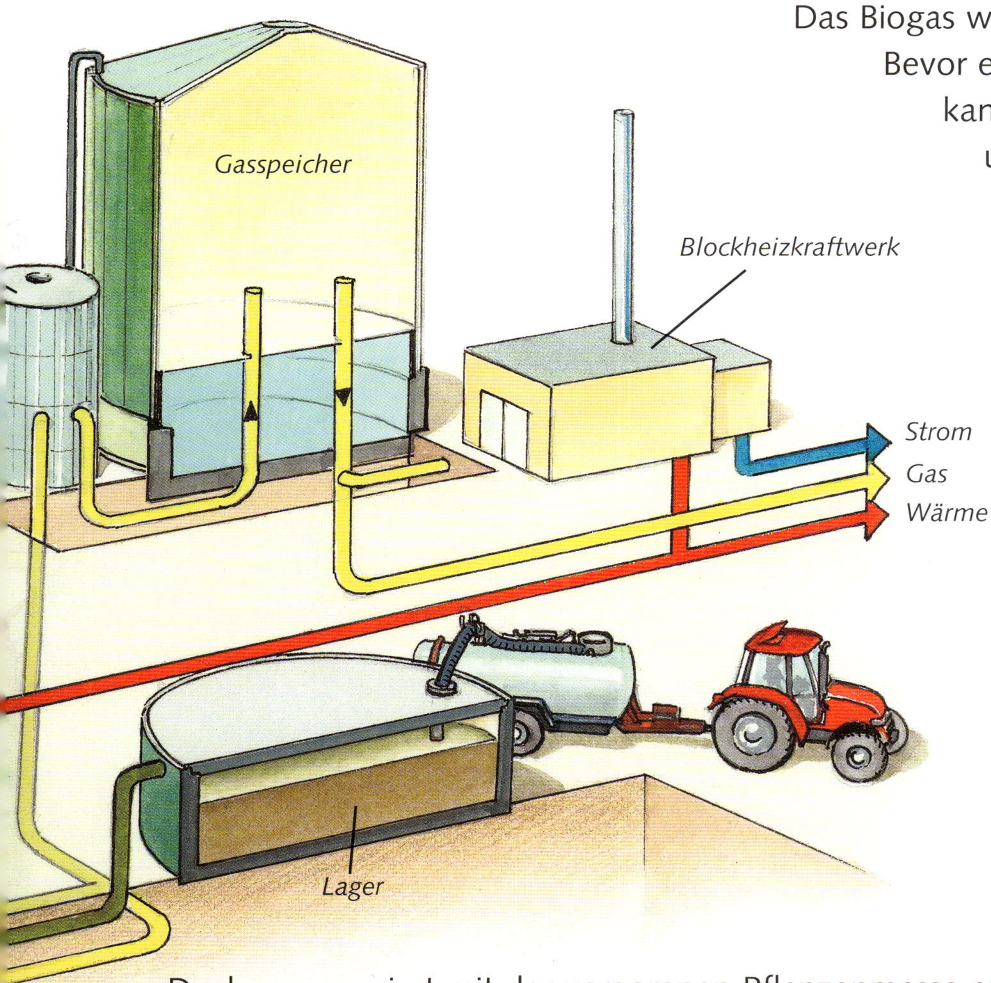

Das Biogas wird in einem Gasspeicher gesammelt. Bevor es ins Erdgasnetz eingespeist werden kann, muss es zunächst noch gereinigt und veredelt werden. Dafür wird es in eine spezielle Anlage befördert, wo es von unerwünschten Bestandteilen befreit wird. Erst jetzt hat es die gleiche Qualität und dieselben Eigenschaften wie herkömmliches Erdgas – eine wichtige Voraussetzung, um ins Erdgasnetz geleitet zu werden. Und so gelangt es schließlich – vermischt mit dem „normalen" Erdgas – in die verschiedenen Häuser und sorgt für ein warmes Zuhause. Es kann aber auch als Kraftstoff für Fahrzeuge genutzt und wie Benzin oder Diesel an einer Tankstelle in ein Auto mit Erdgasmotor gefüllt werden.

Doch was passiert mit der vergorenen Pflanzenmasse aus dem Fermenter? Sie wird selbstverständlich nicht einfach entsorgt, denn in ihr sind noch jede Menge wertvolle Nährstoffe enthalten: Und diese Nährstoffe sind in der Landwirtschaft ein erstklassiger Dünger!

So wird Gülle zu Strom – Biogasanlagen auf dem Bauernhof

Es gibt nicht nur große Biogasanlagen, die Biogas für das Erdgasnetz produzieren. Viele Bauernhöfe haben eigene Biogasanlagen, um die Gebäude mit Wärme zu versorgen. Diese Anlagen sind natürlich eine ganze Nummer kleiner als die großen Biogasanlagen, funktionieren aber nach dem gleichen Prinzip. Allerdings verwendet der Landwirt meist nicht nur die Pflanzenreste, die auf seinem Hof anfallen, sondern noch etwas anderes: nämlich Gülle, das streng riechende Gemisch aus dem Kot und Urin der Tiere. Das Ganze wird ordentlich durchgemischt und im Fermenter vergoren. Oft wird das entstandene Biogas genutzt, um bauernhofeigenen Strom zu produzieren. Dafür wird die Biogasanlage mit einem sogenannten Blockheizkraftwerk gekoppelt. Und das funktioniert so: Im Blockheizkraftwerk ist ein Motor direkt mit einem Generator verbunden. Das Biogas treibt zunächst den Motor an, der dann den Generator in Gang setzt. Und dieser erzeugt schließlich den elektrischen Strom für den ganzen Hof.

Sonnenkollektoren

Sonnenkollektoren machen ihrem Namen alle Ehre: Das Wort „Kollektor“ stammt aus dem Lateinischen und bedeutet so viel wie „jemand, der sammelt“. Und genau das machen die Sonnenkollektoren: Sie sammeln die Energie der Sonnenstrahlen und erwärmen damit Wasser für die Heizungsanlage, aber auch Wasser zum Baden, Duschen oder Kochen.

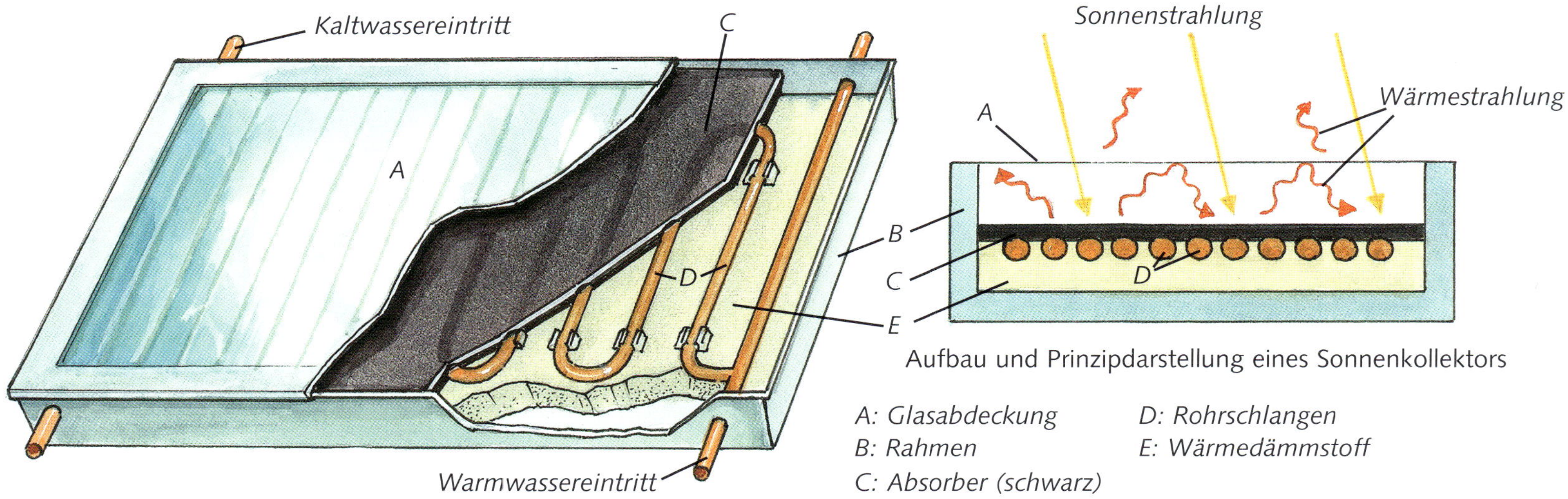

Aufbau und Prinzipdarstellung eines Sonnenkollektors

A: Glasabdeckung
B: Rahmen
C: Absorber (schwarz)
D: Rohrschlangen
E: Wärmedämmstoff

Die Oberfläche des Sonnenkollektors besteht aus einer stabilen Glasplatte. Sie schützt sein Innenleben bei Wind und Wetter. Durch diese Glasscheibe fällt das Sonnenlicht auf eine schwarze Schicht. Schnell heizt sich dieser sogenannte Absorber auf und mit ihm die mit Wasser gefüllten Rohre, die in seinem Inneren verlaufen. An der einen Seite gelangt kaltes Wasser in die Rohre; an der anderen Seite fließt es dann – durch die Sonne erhitzt – in den Heizungsraum in einen großen, gut isolierten Tank, den Warmwasserspeicher. Hier drin bleibt die Wärme erhalten wie in einer riesigen Thermoskanne.

Was ist ein Niedrigenergiehaus?

Vor allem alte Häuser sind oft ziemlich schlecht gedämmt. Über ihre Außenwände und das Dach, aber auch durch Fenster und Türen wird ständig jede Menge Wärmeenergie nach außen abgegeben. Die Bewohner eines solchen Hauses müssen also laufend nachheizen. Und das kostet Geld und belastet oft auch die Umwelt. Anders bei einem Niedrigenergiehaus: Es ist so gut gedämmt, dass nur noch ganz wenig Wärme verloren geht. Es wird also auch viel weniger Energie benötigt, damit es im Haus schön warm ist.

Drehbares Solarhaus „Freiburg“ (Freiburg im Breisgau)

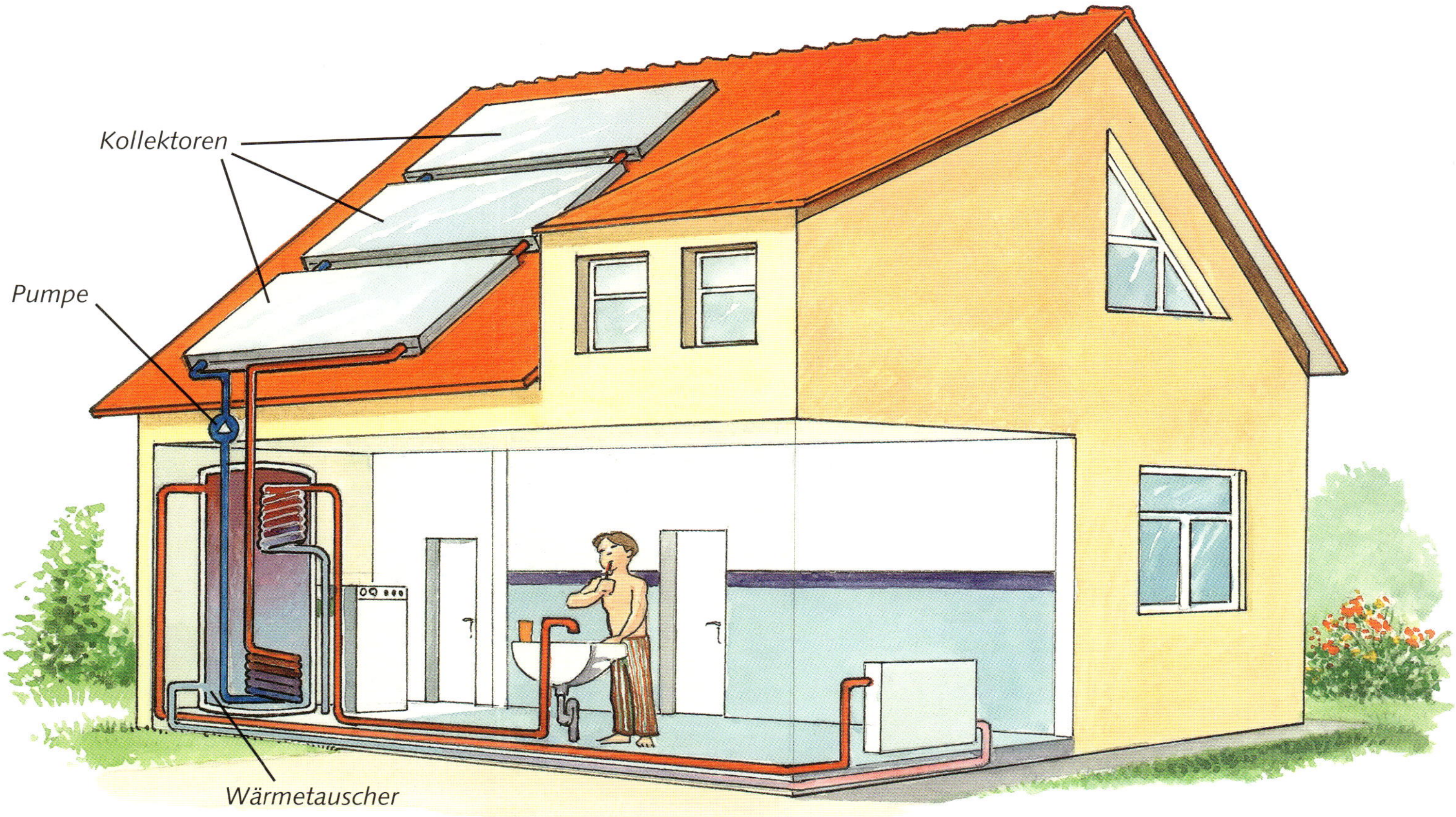

Das Wasser aus den Rohren kann aber nicht zum Duschen oder Baden genutzt werden, denn es enthält ein Frostschutzmittel, damit es im Winter in den Rohren des Sonnenkollektors nicht einfriert. Es muss ja seine Wärme abgeben. Und das funktioniert so: Wenn jemand im Haus warmes Wasser benötigt und den Wasserhahn aufdreht, fließt kaltes Wasser durch eine Rohrschlange im Warmwasserspeicher. Weil das Wasser im Warmwasserspeicher richtig heiß ist, erwärmt sich auch das Wasser in der Rohrschlange. Das können die Bewohner des Hauses dann bedenkenlos zum Baden, Duschen oder Kochen verwenden.

Häufig wird auch ein Teil der Wärme zum Heizen genutzt. Bei uns reicht es meist nicht aus, ein Haus nur über Sonnenkollektoren mit heißem Wasser und Wärme zu versorgen. Denn im Winter, wenn besonders viel Energie zum Heizen und für ein warmes Bad benötigt wird, scheint die Sonne nicht so lang und intensiv wie im Sommer. Damit es auch in der kalten und dunklen Jahreszeit im Haus schön mollig warm wird, ist meist noch eine Zusatzheizung eingebaut. Diese kann eine ganz normale Zentralheizung sein, die mit Erdgas arbeitet, oder auch eine Wärmepumpe.

Probiere es aus: dein eigener Sonnenkollektor!

Vielleicht hast du dich ja schon gefragt, warum ein so großer Teil des Sonnenkollektors schwarz ist? Ganz einfach: Je dunkler eine Fläche ist, umso mehr Wärmeenergie nimmt sie auf – „absorbieren“ nennen das die Fachleute. Eine weiße Fläche nimmt viel weniger Wärmeenergie auf, denn sie wirft die Sonnenstrahlen zurück.
Das kannst du leicht selbst testen: Lege ein schwarzes und ein weißes T-Shirt nebeneinander in die Sonne. Wenn du die T-Shirts nach einiger Zeit anfasst, wirst du feststellen, dass das schwarze T-Shirt viel wärmer geworden ist: Es hat die Energie der Sonne gespeichert. Jetzt verstehst du bestimmt, warum der Sonnenkollektor schwarz ist oder warum die Menschen in der Wüste helle Kleidung tragen.

Die Wärmepumpe

Auch mit einer Wärmepumpe wird's schön mollig warm im Haus. Sie nimmt die im Boden, im Grundwasser oder in der Luft gespeicherte Sonnenwärme auf und transportiert sie ins Innere des Hauses. Anders als Sonnenkollektoren ist die Wärmepumpe so nur indirekt auf Sonnenschein angewiesen.

Die Wärmepumpe arbeitet nach dem gleichen Prinzip wie ein Küchengerät, das wohl jeder zu Hause hat: der Kühlschrank. Wie er ist die Wärmepumpe eine Wärmetransportiermaschine. Der Kühlschrank entzieht den Lebensmitteln Wärme, transportiert diese aus seinem Inneren und pustet sie schließlich an der Rückseite in den Raum. Die Wärmepumpe nimmt Wärme außerhalb des Hauses auf und pumpt sie nach drinnen. Meist nutzt sie zur Wärme-Aufnahme die Erde; aber auch die Luft oder das Grundwasser sind geeignet.

Die Wärmepumpe besteht aus zwei Rohrkreisläufen: Der erste nimmt die Wärme außerhalb des Hauses auf und transportiert sie bis zum Verdampfer. Den Wärmetransport im zweiten Kreislauf übernimmt ein Wärmeträger. Anders als in der Zentralheizung ist dieser Wärmeträger kein Wasser, sondern eine spezielle Flüssigkeit mit einer besonderen Eigenschaft: Sie verdampft bereits bei einer sehr niedrigen Temperatur, die weit unter 0 °C liegt. Zunächst fließt dieser Wärmeträger – noch in flüssiger Form – in den Verdampfer. Hier nimmt er die Wärme aus dem ersten Rohrkreislauf auf. Richtig warm ist es hier für uns nicht: meist nur um die 10 °C. Für den Wärmeträger aber reichen diese Temperaturen. Er verdampft – er „wechselt den Aggregatzustand", wie der Fachmann sagt. Dabei nimmt der Wärmeträger Energie auf.

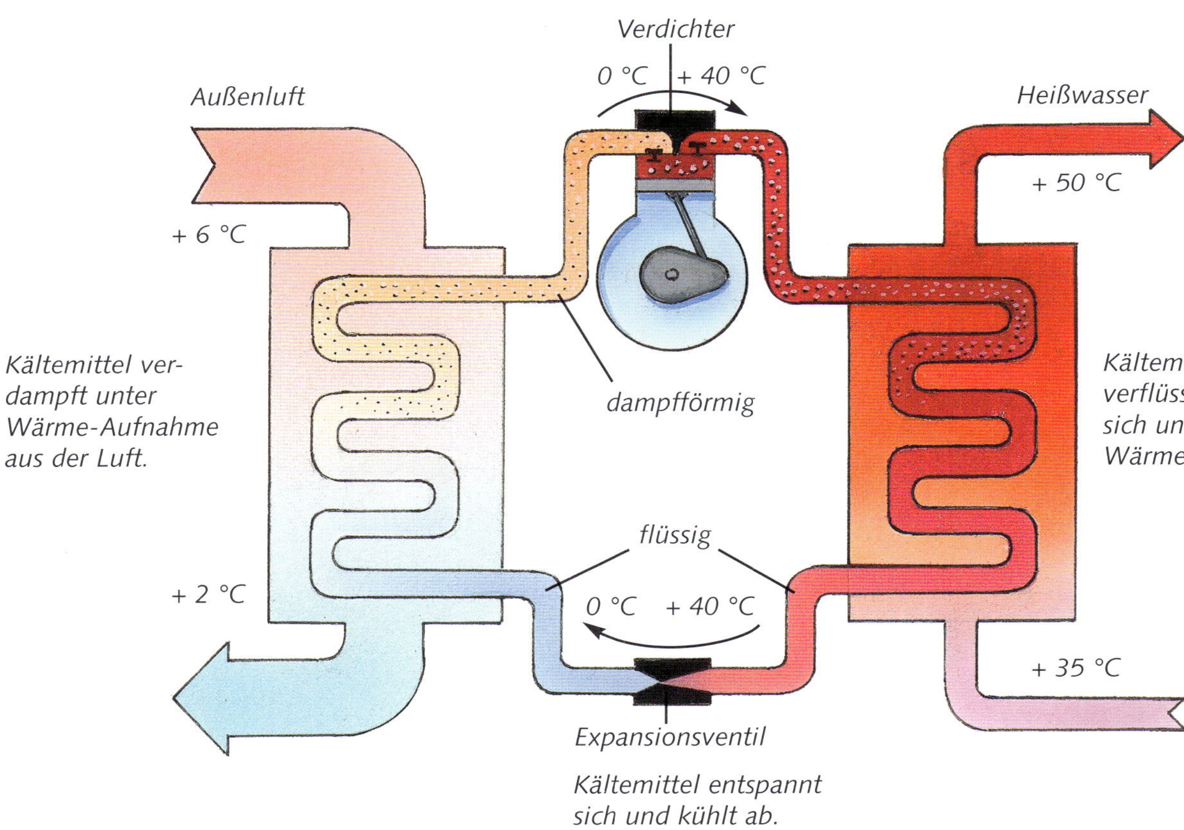

Die beiden Rohrkreisläufe einer Wärmepumpe

Was ist ein Aggregatzustand?

Wasser kennst du bestimmt in seinen drei Aggregatzuständen. Unter einer Temperatur von 0 °C, seinem Gefrierpunkt, ist Wasser nicht flüssig, sondern fest. Es ist Eis. Wenn du das Eis erwärmst, fängt es an zu schmilzen und wird flüssig. Wenn du es jetzt noch weiter erhitzt, wird es bei etwa 100 °C anfangen zu kochen und so zu Dampf: Jetzt ist es gasförmig. Die Temperatur von 100 °C ist der Siedepunkt des Wassers.
Prinzipiell kann jeder Stoff in den drei Aggregatzuständen **fest, flüssig** und **gasförmig** vorkommen. Die Aggregatzustände hängen ab von der Temperatur des Stoffes und seinem Gefrier- und Siedepunkt. Da hat jeder Stoff nämlich andere. Wird zum Beispiel ein flüssiger Stoff gasförmig, nimmt er dabei Energie auf; kühlt ein gasförmiger Stoff ab und wird flüssig, gibt er die überschüssige Energie ab. Und die kann dann zum Beispiel zum Heizen genutzt werden.

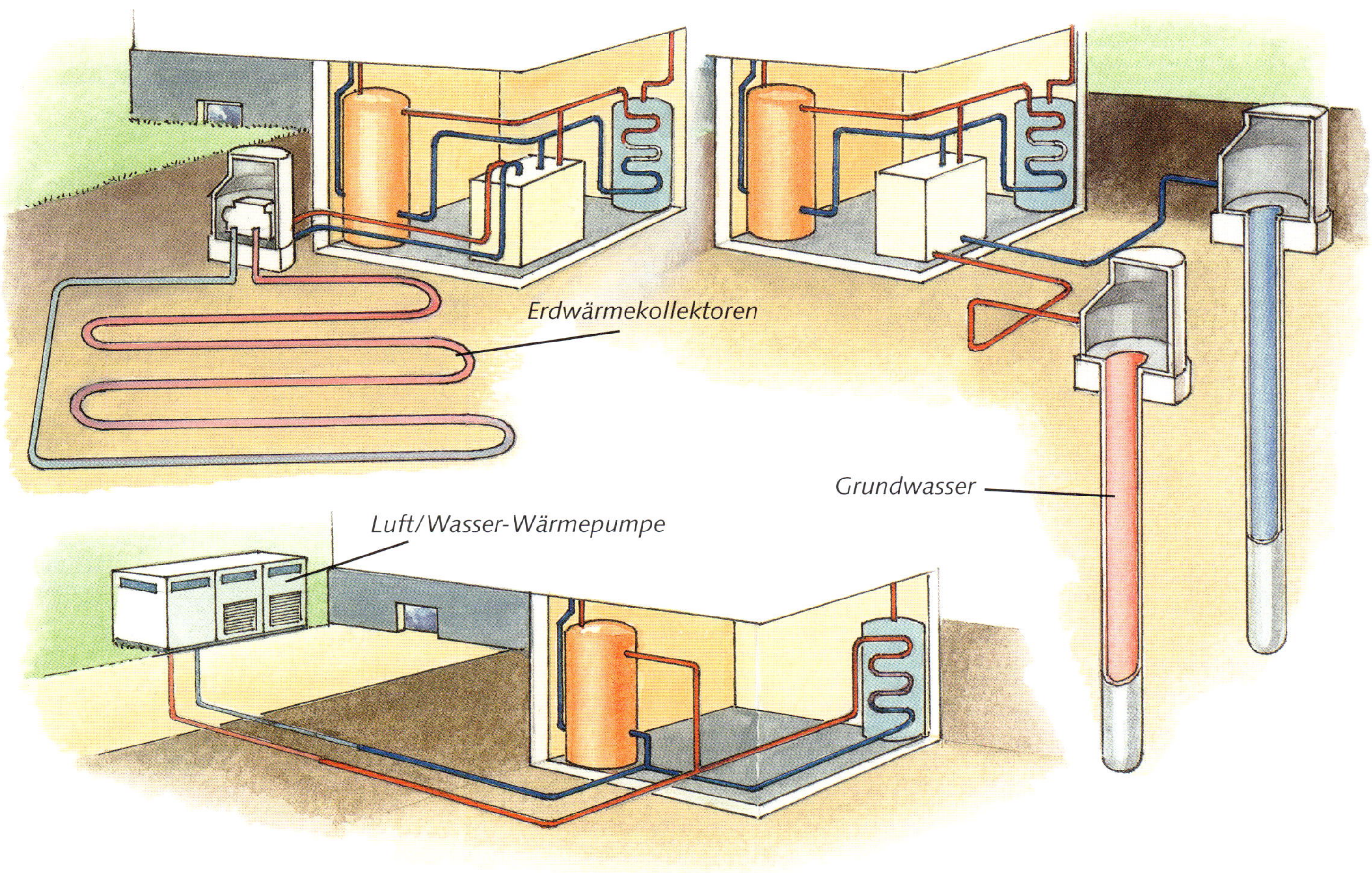

Auf dem Weg in Richtung Haus passiert der Wärmeträgerdampf den Verdichter. Der drückt ihn fest zusammen. Dieser kleine Trick hat eine große Wirkung. Denn durch das Zusammendrücken wird der Dampf richtig heiß – und hat somit noch mehr Wärmeenergie. Wer schon einmal einen Fahrradreifen aufgepumpt hat, weiß, wie warm die Pumpe beim Zusammendrücken der Luft in ihrem Inneren werden kann.

Der heiße Wärmeträgerdampf gelangt schließlich in den sogenannten Verflüssiger. Hier gibt er die aufgenommene Wärmeenergie an das Wasser im Heizungssystem ab und wird dabei wieder flüssig. Der abgekühlte Wärmeträger fließt zurück in den Verdampfer. Jetzt kann der Kreislauf erneut beginnen.

Der Verbrennungsmotor

Um vorwärts zu kommen, ist Energie nötig. Beim Radfahren zum Beispiel ist Muskelkraft gefragt. Wer da vorher nicht ordentlich gegessen und sich so mit Energie versorgt hat, kann schnell außer Puste geraten. Beim Auto sorgt der Verbrennungsmotor für den nötigen Antrieb. Er wandelt die im Benzin gespeicherte Energie in Bewegungsenergie um und bewegt so das Auto nach vorn. Genauso wie der Generator ist er also ein Energiewandler.

Verbrennungsmotoren gibt es in unterschiedlichen Bauformen. Am bekanntesten sind der Ottomotor und der Dieselmotor. Sie alle arbeiten nach dem gleichen Grundprinzip: In einem Zylinder wird Kraftstoff verbrannt und so ein Kolben hoch- und runterbewegt. Der Ottomotor nutzt als Kraftstoff Benzin oder Super.

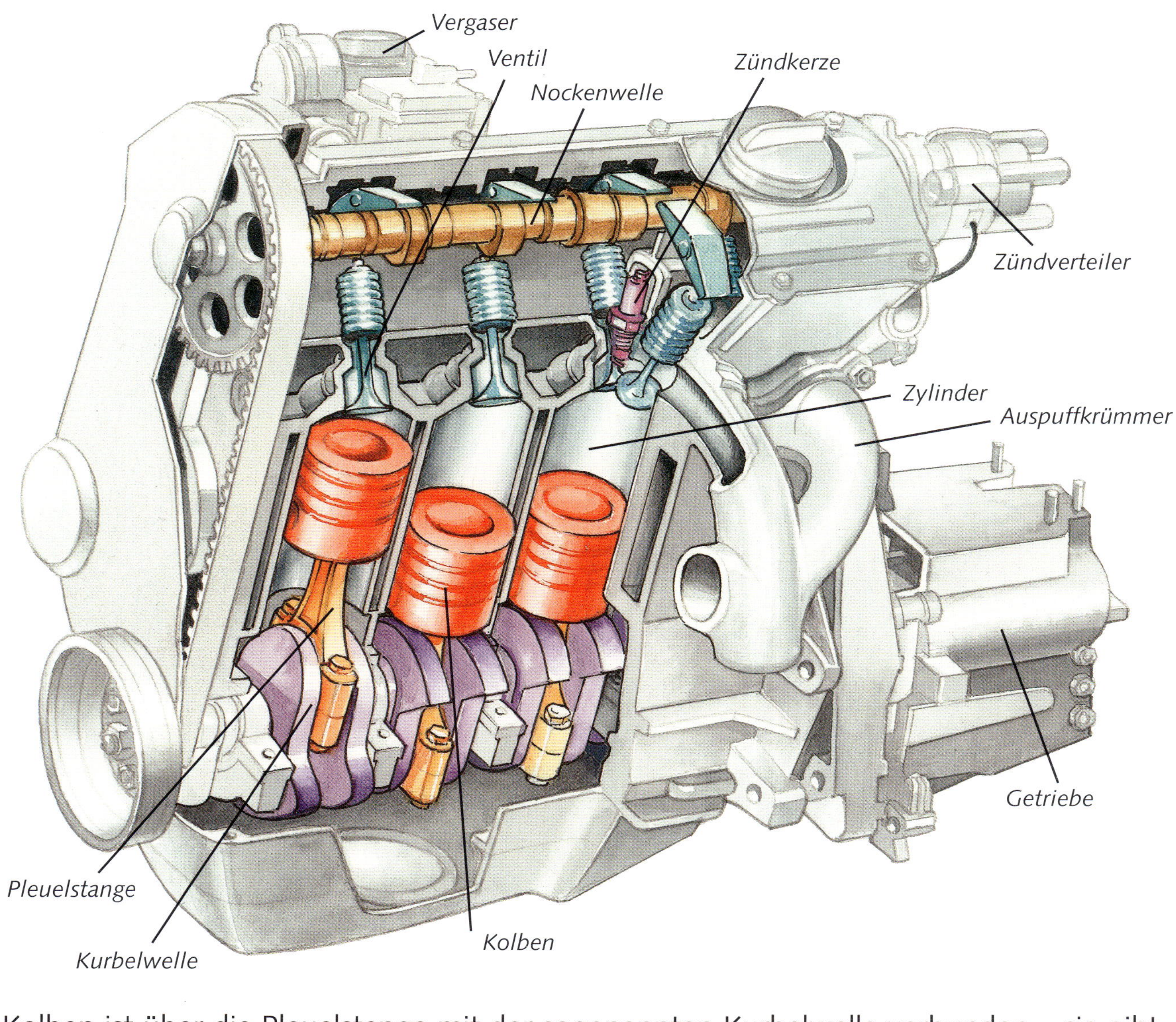

Der Kolben ist über die Pleuelstange mit der sogenannten Kurbelwelle verbunden – sie gibt die Auf- und Abbewegung des Kolbens an diese Stahlstange weiter. Die Kurbelwelle fängt an sich zu drehen. Die Drehbewegung wird über das Getriebe an die Achsen übertragen, die auf diese Weise die Räder antreiben: Das Auto fährt.

Die meisten Motoren verfügen über vier Zylinder, die zeitlich versetzt arbeiten. So wird die Kurbelwelle kontinuierlich angetrieben. Es gibt auch Autos mit bis zu zehn oder gar zwölf Zylindern. Ihre Motoren laufen besonders ruhig.

Die Verbrennung in einem Ottomotor läuft in vier Arbeitsschritten ab, den sogenannten Takten: Im ersten Takt wird Luft vermischt mit Kraftstoff durch das Einlassventil in den Zylinder gesogen. Dann wird das Einlassventil verschlossen. Der Kolben im Inneren des Zylinders presst das Luft-Kraftstoff-Gemisch im zweiten Takt stark zusammen – „verdichten" ist der Fachbegriff dafür. Dadurch wird die Luft im Zylinder sehr heiß. Jetzt, im dritten Takt, genügt ein Funke der Zündkerze, und das Gemisch explodiert. Dabei dehnen sich die Gase extrem aus und drücken so den Kolben nach unten: Eine Bewegung ist entstanden. Im vierten Takt werden die Abgase aus dem Zylinder ausgestoßen. Dann beginnt der Kreislauf von vorne.

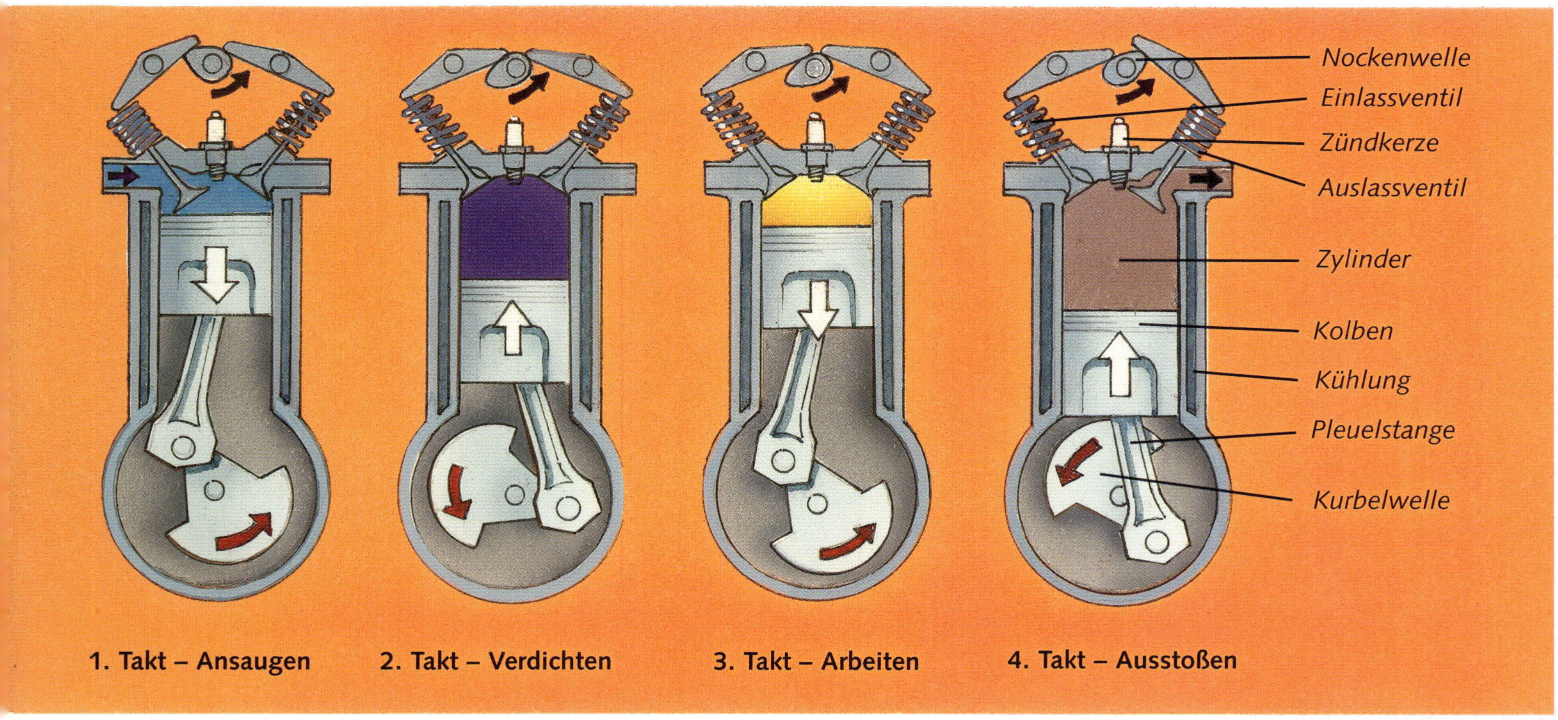

Ein Motor kann nicht nur Autos antreiben. Er setzt auch andere Fahrzeuge wie Lkws, Lokomotiven, Traktoren und Motorräder in Bewegung, auch viele verschiedene Geräte und Maschinen, zum Beispiel Rasenmäher oder Kettensägen.

Benannt ist der Ottomotor übrigens nach Nikolaus August Otto. Der entwickelte um 1876 den ersten Motor, der nach dem Vier-Takt-Prinzip arbeitete. Nach diesem Prinzip funktionieren auch noch heutige Verbrennungsmotoren.

Nikolaus August Otto
(1832-1891)

Mehr über Kraftstoffe

Zu den wohl bekanntesten Kraftstoffen für Verbrennungsmotoren zählen Benzin, Diesel und Kerosin. In großen Raffinerien werden sie aus Erdöl hergestellt. Die Kraftstoffe enthalten jede Menge Energie, die beim Verbrennen frei wird und dann zum Beispiel zum Antrieb von Fahrzeugen, Schiffen oder Flugzeugen genutzt werden kann.

Bio-Diesel, Ethanol, Strom: Womit ein Auto sonst noch fährt

Die Mehrzahl aller Autos fährt mit Benzin oder Diesel, die aus Erdöl gewonnen werden. Aber Fachleute sind schon länger auf der Suche nach Alternativen zu den fossilen Brennstoffen. Möglich sind zum Beispiel andere Kraftstoffe, die bei der Verbrennung weniger Schadstoffe verursachen. Andere Experten setzen auf Autos mit Elektro-Antrieb.

Die Grundlage für einen Bio-Kraftstoff wächst zum Beispiel auf dem Feld: Aus den Samen der gelbblühenden Rapspflanzen kann man Bio-Diesel gewinnen. Den Bio-Diesel gibt es an vielen Tankstellen, aber nicht jeder Motor kann ihn verarbeiten.

Auch mit Ethanol können Ottomotoren betrieben werden. Ethanol ist ein Alkohol, der entweder dem herkömmlichen Benzin beigemischt oder aber pur getankt wird. Wie beim Bio-Diesel auch muss der Motor für den Betrieb mit Ethanol ausgerüstet sein.

Autos können natürlich auch mit einem Elektromotor angetrieben werden. Dieser funktioniert genau umgekehrt wie ein Generator: Aus elektrischem Strom wird eine Bewegung, mit der die Räder angetrieben werden. Ein Problem ist jedoch, dem Elektromotor während der Fahrt genügend elektrischen Strom zur Verfügung zu stellen – schließlich kann das Auto nicht in der Steckdose eingesteckt bleiben. Daher ist ein großer Energiespeicher nötig. So gibt es einige Elektro-Autos, die einen gigantischen Akku eingebaut haben, der regelmäßig an einer Steckdose „aufgetankt“ werden muss.

Auch Solarfahrzeuge sind Elektro-Autos: Auf ihrem Dach sind Solarzellen befestigt. Diese produzieren mithilfe des Sonnenlichts Strom, um damit den Elektromotor zu betreiben. Solarautos sind jedoch noch selten, da unglaublich viele Solarzellen nötig sind, um einen kraftvollen Elektromotor mit ausreichend Energie versorgen zu können.

Andere Pkws, sogenannte Hybridautos, kombinieren einen herkömmlichen Otto- oder Dieselmotor mit einem Elektromotor: Beim Anfahren und bei langsamen Fahrten arbeitet nur der Elektromotor, der von einer großen Batterie gespeist wird. Bei normaler Fahrt treibt dann der Verbrennungsmotor einen Generator an, dieser wiederum den Elektromotor. Weil der Elektromotor ruhig und gleichmäßig läuft, braucht der Verbrennungsmotor weniger Kraftstoff, um ihn anzutreiben.

Eine weitere Möglichkeit, um ein Elektro-Auto mit ausreichend elektrischer Energie zu versorgen, ist die Brennstoffzelle. In ihr reagiert Wasserstoff mit Sauerstoff und erzeugt so elektrische Energie.

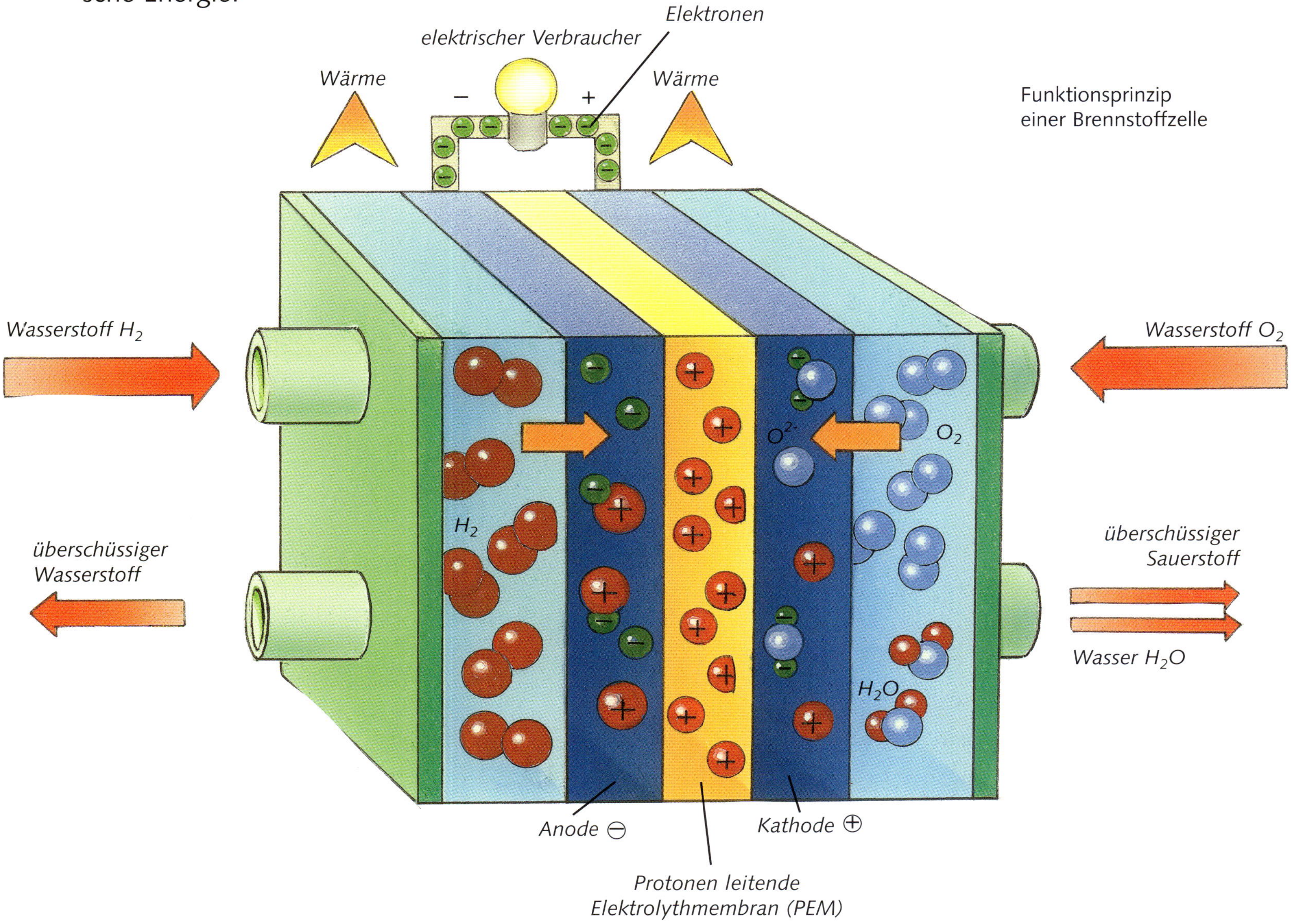

Funktionsprinzip einer Brennstoffzelle

So arbeitet eine Brennstoffzelle

Eine Brennstoffzelle hat – ähnlich wie eine Batterie – zwei Pole: Anode und Kathode. An der Anode sitzt der Wasserstoff. Ein Wasserstoffatom besteht aus genau einem Proton und einem Elektron. Anode und Kathode sind durch eine spezielle Schicht getrennt. Diese Schicht funktioniert wie eine Art Filter. Sie lässt nur bestimmte Teilchen hindurch, in diesem Fall nur positiv geladene. Und so trennen sich die Wasserstoffatome an der Anode: Die positiven Teilchen wandern durch die Schicht hinüber zur Kathode; die Elektronen nehmen stattdessen den Weg durch den Leiter. Es fließt Strom. An der Kathode verbinden sich die Wasserstoffatome schließlich mit Sauerstoff zu Wasser.

Blick in die Zukunft: Sonnenkraftwerke und Kernfusion

Kohle, Erdöl und Erdgas gehen zur Neige, und Kernbrennstoffe sind nicht ungefährlich. Welche Möglichkeiten gibt es, unseren enormen Energiebedarf auch in Zukunft zu sichern? Darüber machen sich heute bereits viele Wissenschaftler Gedanken: Die Sonne als Energielieferant spielt bei ihren Überlegungen eine zentrale Rolle.

Eine Möglichkeit sind die Sonnenkraftwerke. Die Technik dahinter ist eigentlich ganz einfach: Mit riesigen, gebogenen Spiegeln, den sogenannten Parabolspiegeln, wird das Sonnenlicht eingefangen und gebündelt auf eine Röhre in ihrer Mitte geworfen. Die Strahlen erhitzen eine Flüssigkeit im Inneren der Röhre, zum Beispiel ein spezielles Öl. Diese Wärme wird anschließend genutzt, um Dampf zu erzeugen, mit dem schließlich – genau wie in einem herkömmlichen Wärmekraftwerk – eine Turbine, gekoppelt mit einem Generator, betrieben wird.

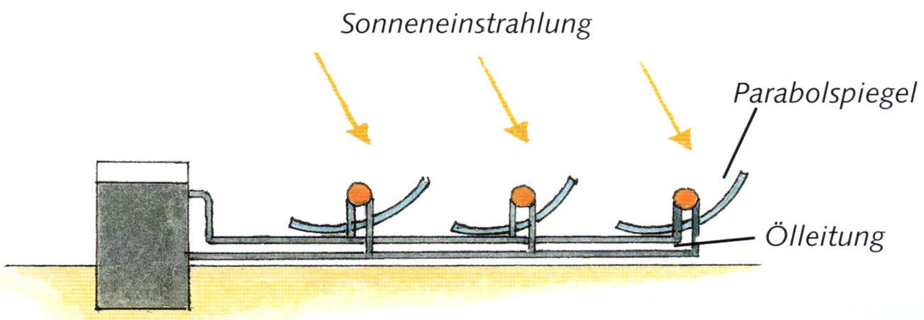

Von diesen Kraftwerken gibt es heute bereits etwa eine Handvoll. Die Überlegung der Forscher ist nun, ganz viele Solarkraftwerke in der Wüste zu errichten. Dort gibt es schließlich Sonnenschein im Überfluss und auch genügend Platz. Würde man theoretisch eine Fläche von der Größe Österreichs in ein gigantisches Sonnenkraftwerk verwandeln, könnte dieses den Energiebedarf der ganzen Welt decken. Doch dafür müsste ein gewaltiges Energieversorgungsnetz errichtet werden. Noch sind dies nur Pläne. Aber wer weiß, welcher Anblick sich uns in 50 Jahren bei einem Flug über die Wüste bieten wird?

Projekt eines kombinierten Solar- und Aufwindkraftwerks in Australien

Andere Wissenschaftler haben sich die Sonne, den gigantischen Energielieferanten, einmal genauer angesehen und dabei herausgefunden, wie die enormen Energiemengen in der Sonne entstehen. Das Geheimnis ist die sogenannte Kernfusion. Bei der Kernfusion werden spezielle Wasserstoff-Atomkerne zu einem neuen Kern verschmolzen. Das geschieht in der Sonne permanent. Dabei werden gewaltige Energiemengen freigesetzt, die uns in Form von Sonnenstrahlen erreichen.

Die Kernfusion an sich ist ungefährlich: Anders als bei der Kernspaltung tritt dabei nämlich keine radioaktive Strahlung aus, die dem Menschen gefährlich werden könnte. Außerdem ist die Kernfusion sehr energiereich. So könnte ein Kilogramm Wasserstoff mehr Energie liefern als 10 000 Tonnen Steinkohle. Warum also sollte man nicht versuchen, den in der Sonne stattfindenden Prozess auf der Erde nachzubilden? Das dachten sich Wissenschaftler bereits vor über 50 Jahren und machten sich ans Werk. Bisher ist es ihnen jedoch noch nicht gelungen, mit der Kernfusion über einen längeren Zeitraum Energie zu gewinnen. Denn eine derartige Verschmelzung ist sehr schwer umzusetzen. Einmal müssen die Wasserstoff-Atomkerne dafür nämlich auf über 100 Mio. °C erhitzt werden. Ein anderes Problem ist, dass die Teilchen auf einem engen Raum zusammengehalten werden müssen.

Probiere es aus: Die Kraft der Sonne

Mit diesem kleinen Experiment, das du nur zusammen mit einem Erwachsenen durchführen solltest, kannst du herausfinden, welch ungeheurer Energiespender die Sonne ist. Bei Sonnenschein kannst du mit einer Lupe Feuer machen. Eine Lupe bündelt nämlich die Sonnenstrahlen in Form eines Lichtflecks. Halte die Lupe so, dass ein möglichst kleiner Lichtfleck auf den sogenannten Zunder, z. B. ein Stück Papier, fällt. Schnell wirst du feststellen, dass eine Flamme entsteht und das Papier Feuer fängt. Wichtig ist, dass du deine Hand auf keinen Fall unter die Lupe hältst. Du könntest dich sonst verbrennen!

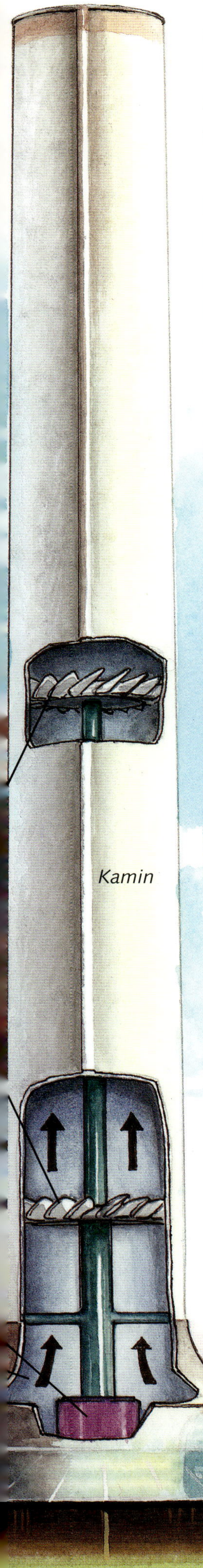

Kamin

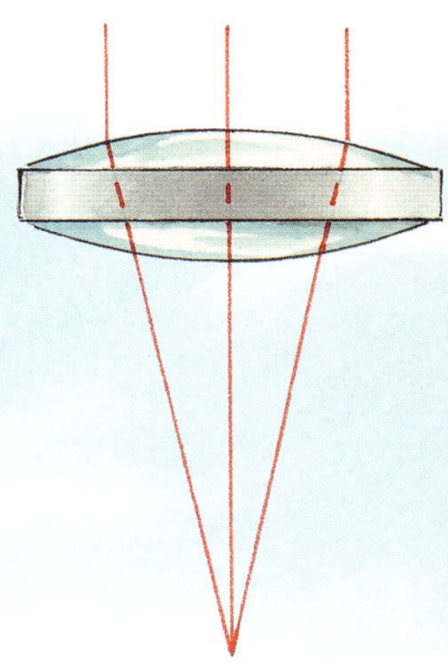

Brennpunkt

Wichtige Daten
- Kaminhöhe: ca. 1000 m
- Kollektorfläche: ca. 38 km^2
- Leistung: 200 MW

Sachbücher von Coppenrath

Mehr über den Schaufelradbagger und den Radlader, die auf Seite 16/17 erwähnt werden, erfährst du in diesem Buch:

Giganten der Baustelle

von Alke Kissel und Manfred Rohrbeck, Coppenrath 2007

(ISBN 978-3-8157-**5089**-6)

- **Was ist Hydraulik?**
- **Woher hat der Löffelbagger seinen Namen?**
- **Warum bestehen Turm und Ausleger des Turmdrehkrans aus einem Fachwerk aus Stahl?**
- **Was ist das Besondere an der Mulde des Muldenkippers?**
- **Oder weshalb muss sich die Trommel des Fahrmischers drehen können?**

Sachbücher von Coppenrath

Wenn du zum Beispiel noch mehr über den auf Seite 44 genannten Dieselmotor wissen möchtest, ist dieses Buch genau richtig für dich:

Technik auf dem Bauernhof

von Alke Kissel und Manfred Rohrbeck, Coppenrath 2008

(ISBN 978-3-8157-**8857**-8)

- **Warum hat der Traktor bis zu 50 Vorwärts- und Rückwärtsgänge?**
- **Weshalb ist der Rübenroder ein wahrer Gigant unter den Landmaschinen?**
- **Wann braucht ein Schlepper Zwillingsreifen?**
- **Wie arbeitet ein Dieselmotor?**
- **Oder wieso ist der Futtermischwagen für die Kühe wie eine Küchenmaschine auf Rädern?**